全国普通高等中医药院校药学类"十二五"规划教材

物理化学实验

（供中药学、药学、制药技术、制药工程及相关专业使用）

主　编　张师愚　陈振江

副主编　戴　航　冯　玉

李晓飞　张彩云

U0206057

中国医药科技出版社

内 容 提 要

　　本书是全国普通高等中医药院校药学类"十二五"规划教材之一,依照教育部相关文件和精神,根据本专业教学要求和课程特点,结合《中国药典》和相关执业考试,编写而成。全书共分四章,包括绪论、基础实验、综合实验和物理化学实验技术与设备,涉及物理化学基本操作技能的训练、基本理论知识的验证和一些综合性提高性训练及数据处理技术。

　　本教材实用性强,主要供中医药院校药学类专业使用,也可作为医药行业考试与培训的参考用书。

图书在版编目(CIP)数据

物理化学实验/张师愚,陈振江主编．—北京:中国医药科技出版社,2014.7

全国普通高等中医药院校药学类"十二五"规划教材

ISBN 978 - 7 - 5067 - 6780 - 4

Ⅰ. ①物…　Ⅱ. ①张…　②陈…　Ⅲ. ①物理化学 – 化学实验 – 中医学院 – 教材

Ⅳ. ①O64 – 33

中国版本图书馆 CIP 数据核字(2014)第 146205 号

美术编辑　陈君杞
版式设计　郭小平

出版　中国医药科技出版社
地址　北京市海淀区文慧园北路甲 22 号
邮编　100082
电话　发行:010 – 62227427　邮购:010 – 62236938
网址　www.cmstp.com
规格　787 × 1092mm $\frac{1}{16}$
印张　$10\frac{1}{4}$
字数　212 千字
版次　2014 年 8 月第 1 版
印次　2015 年 2 月第 2 次印刷
印刷　三河市万龙印装有限公司
经销　全国各地新华书店
书号　ISBN 978 – 7 – 5067 – 6780 – 4
定价　**23.00 元**
本社图书如存在印装质量问题请与本社联系调换

全国普通高等中医药院校药学类"十二五"规划教材

编写委员会

主任委员　彭　成（成都中医药大学）

副主任委员　朱　华（广西中医药大学）

　　　　　　曾　渝（海南医学院）

　　　　　　杨　明（江西中医药大学）

　　　　　　彭代银（安徽中医药大学）

　　　　　　刘　文（贵阳中医学院）

委　　　员　（按姓氏笔画排序）

　　　　　　王　建（成都中医药大学）

　　　　　　王诗源（山东中医药大学）

　　　　　　尹　华（浙江中医药大学）

　　　　　　邓　赟（成都中医药大学）

　　　　　　田景振（山东中医药大学）

　　　　　　刘友平（成都中医药大学）

　　　　　　刘幸平（南京中医药大学）

　　　　　　池玉梅（南京中医药大学）

　　　　　　许　军（江西中医药大学）

　　　　　　严　琳（河南大学药学院）

　　　　　　严铸云（成都中医药大学）

　　　　　　杜　弢（甘肃中医学院）

　　　　　　李小芳（成都中医药大学）

　　　　　　李　钦（河南大学药学院）

　　　　　　李　峰（山东中医药大学）

　　　　　　杨怀霞（河南中医学院）

　　　　　　杨武德（贵阳中医学院）

　　　　　　吴启南（南京中医药大学）

本书编委会

主　　编　张师愚　陈振江
副 主 编　戴　航　冯　玉　李晓飞　张彩云
编　　者　（按姓氏笔画排序）
　　　　　马鸿雁（成都中医药大学）
　　　　　王颖莉（山西中医学院）
　　　　　冯　玉（山东中医药大学）
　　　　　任　蕾（山西中医学院）
　　　　　刘　雄（甘肃中医学院）
　　　　　刘　强（浙江中医药大学）
　　　　　刘　莹（贵州理工学院）
　　　　　齐学洁（天津中医药大学）
　　　　　孙　波（长春中医药大学）
　　　　　李　红（湖南中医药大学）
　　　　　李　莉（辽宁中医药大学）
　　　　　李晓飞（河南中医学院）
　　　　　李维峰（北京中医药大学）
　　　　　杨茂忠（贵阳中医学院）
　　　　　张　栓（陕西中医学院）
　　　　　张师愚（天津中医药大学）
　　　　　张明波（辽宁中医药大学）
　　　　　张洪江（南京中医药大学翰林学院）
　　　　　张彩云（安徽中医药大学）
　　　　　陈振江（湖北中医药大学）
　　　　　邵江娟（南京中医药大学）
　　　　　林　舒（福建中医药大学）
　　　　　周庆华（黑龙江中医药大学）
　　　　　赵小军（广州中医药大学）
　　　　　赵晓娟（甘肃中医学院）
　　　　　夏厚林（成都中医药大学）
　　　　　唐　莹（上海中医药大学）
　　　　　韩晓燕（天津中医药大学）
　　　　　程　林（江西中医药大学）
　　　　　戴　航（广西中医药大学）
　　　　　魏泽英（云南中医学院）

出版说明

在国家大力推进医药卫生体制改革，健全公共安全体系，保障饮食用药安全的新形势下，为了更好的贯彻落实《国家中长期教育改革和发展规划纲要（2010–2020年）》和《国家药品安全"十二五"规划》，培养传承中医药文明，具备行业优势的复合型、创新型高等中医药院校药学类专业人才，在教育部、国家食品药品监督管理总局的领导下，中国医药科技出版社根据《教育部关于"十二五"普通高等教育本科教材建设的若干意见》，组织规划了全国普通高等中医药院校药学类"十二五"规划教材的建设。

为了做好本轮教材的建设工作，我社成立了"中国医药科技出版社高等医药教育教材工作专家委员会"，原卫生部副部长、国家食品药品监督管理局局长邵明立任主任委员，多位院士及专家任专家委员会委员。专家委员会根据前期全国范围调研的情况和各高等中医药院校的申报情况，结合国家最新药学标准要求，确定首轮建设科目，遴选各科主编，组建"全国普通高等中医药院校药学类'十二五'规划教材编写委员会"，全面指导和组织教材的建设，确保教材编写质量。

本轮教材建设，吸取了目前高等中医药教育发展成果，体现了涉药类学科的新进展、新方法、新标准；旨在构建具有行业特色、符合医药高等教育人才培养要求的教材建设模式，形成"政府指导、院校联办、出版社协办"的教材编写机制，最终打造我国普通高等中医药院校药学类核心教材、精品教材。

全套教材具有以下主要特点。

一、教材顺应当前教育改革形势，突出行业特色

教育改革，关键是更新教育理念，核心是改革人才培养体制，目的是提高人才培养水平。教材建设是高校教育的基础建设，发挥着提高人才培养质量的基础性作用。教育部《关于普通高等院校"十二五"规划教材建设的几点意见》中提出：教材建设以服务人才培养为目标，以提高教材质量为核心，以创新教材建设的体制机制为突破口，以实施教材精品战略、加强教材分类指导、完善教材评价选用制度为着力点。鼓励编写、出版适应不同类型高等学校教学需要的不同风格和特色的教材。而药学类高等教育的人才培养，有鲜明的行业特点，符合应用型人才培养的条件。编写具有行业特色的规划教材，有利于培养高素质应用型、复合型、创新型人才，是高等医药院校教学改革的体现，是贯彻落实《国家中长期教育改革和发展规划纲要（2010–2020年）》的体现。

二、教材编写树立精品意识，强化实践技能培养，体现中医药院校学科发展特色

本轮教材建设对课程体系进行科学设计，整体优化；根据新时期中医药教育改革现状，增加与高等中医药院校药学职业技能大赛配套的《中药传统技能》教材；结合药学应用型特点，同步编写与理论课配套的实验实训教材，独立建设《实验室安全与管理》教材。实现了基础学科与专业学科紧密衔接，主干课程与相关课程合理配置的目标；编写过程注重突出中医药院校特色，适当融入中医药文化及知识，满足21世纪复合型人才培养的需要。

参与教材编写的专家都以科学严谨的治学精神和认真负责的工作态度，以建设有特色的、教师易用、学生易学、教学互动、真正引领教学实践和改革的精品教材为目标，严把编写各个环节，确保教材建设精品质量。

三、坚持"三基五性三特定"的原则，与行业法规标准、执业标准有机结合

本套教材建设将应用型、复合型高等中医药院校药学类人才必需的基本知识、基本理论、基本技能作为教材建设的主体框架，将体现高等中医药教育教学所需的思想性、科学性、先进性、启发性、适用性作为教材建设灵魂，在教材内容上设立"要点导航、重点小结"模块对其加以明确；使"三基五性三特定"有机融合，相互渗透，贯穿教材编写始终。并且，设立"知识拓展、药师考点"等模块，和执业药师资格考试、新版《药品生产质量管理规范》（GMP）、《药品经营管理质量规范》（GSP）紧密衔接，避免理论与实践脱节，教学与实际工作脱节。

四、创新教材呈现形式，促进高等中医药院校药学教育学习资源数字化

本轮教材建设注重数字多媒体技术，相关教材陆续建设课程网络资源，藉此实现教材富媒体化，促进高等中医药院校药学教育学习资源数字化，帮助院校及任课教师在MOOCs时代进行的教学改革，提高学生学习效果。前期建设中配有课件的科目可到中国医药科技出版社官网（www.cmstp.com）下载。

本套教材编写得到了教育部、国家食品药品监督管理总局和中国医药科技出版社全国高等医药教育教材工作专家委员会的相关领导、专家的大力支持和指导；得到了全国高等医药院校、部分医药企业、科研机构专家和教师的支持和积极参与，谨此，表示衷心的感谢！希望以教材建设为核心，为高等医药院校搭建长期的教学交流平台，对医药人才培养和教育教学改革产生积极的推动作用。同时精品教材的建设工作漫长而艰巨，希望各院校师生在教学过程中，及时提出宝贵的意见和建议，以便不断修订完善，更好的为药学教育事业发展和保障人民用药安全服务！

中国医药科技出版社

2014年7月

物理化学是全国高等医药院校中药、药学、制药技术、制药工程及相关专业教学计划中的必修课程，物理化学实验与无机化学实验、分析化学实验、有机化学实验构成了化学类、近化学类专业完整的四大化学实验教学体系。作为一门综合性基础化学实验，物理化学实验课程在巩固和加深学生对物理化学理论课基本原理的理解，运用化学中基本的物理方法，训练实验技能，掌握实验测试技术，培养科学思维和分析、解决实际问题的能力，引导学生建立科学的世界观和方法论等方面有着重要的作用，同时也为将来进行后续课程如仪器分析、化工原理、制剂学、制药工程学、中药化学等学科的理论及实验课程打下良好基础。

本教材分为绪论、基础实验、综合实验、实验技术与设备四部分。其中，绪论主要介绍了物理化学实验的基本要求和实验误差、数据处理等知识，为适应现代实验技术和数据处理水平的不断提高，本教材同时介绍了计算机辅助处理物理化学实验数据，旨在提高学生适应现代实验设备与技术的能力，并提高医药院校物理化学实验的教学水平。

基于"少而精"的原则，本教材选择了现行教学中比较普及、有代表性、较成熟的 18 个物理化学实验作为基础实验，内容涵盖热力学、动力学、表面化学、胶体化学、电化学、物化性能测定等方面，基本满足医药类院校的物理化学实验教学需要，并有一定的扩展性，如凝固点降低法测定摩尔质量实验，增加了测定多糖对凝固点改变的作用。又如将平衡常数的测定与分配系数的测定联系起来，利用 I_2 在 CCl_4 与水中的分配和 $I_2 + KI = KI_3$ 的反应同时达到平衡的原理，设计为在 1 个实验中同时测定平衡常数与分配系数，该实验包含了溶液的配制、萃取、分配、温度控制、氧化还原滴定、碘量瓶的使用、恒温槽的使用、I_2 和 CCl_4 的使用、CCl_4（有毒物质）的回收、移液管隔层吸液、平衡的移动、移液管与滴定管的洗涤等多学科的基本单元操作，既完成了物理化学的教学任务，又巩固了无机化学、有机化学、分析化学实验中的基本单元操作。

为培养学生专业意识，满足专业培养目标，也为了探索物理化学实验直接为医药研究服务，本教材综合实验部分设置了 4 个综合实验项目，分别将现代中医药研究中使用的物理化学实验原理与技术还原为物理化学实验，包括中药的离子透析，利用等电聚焦鉴定中药品种真伪、用动力学知识测定药物有效期以及利用沉降分析测定粒径分布。

　　本教材第四部分物理化学的实验技术与设备还介绍了物理化学实验中涉及到的各种仪器的原理、相应的技术，对于提高学生适应现代实验设备与技术的能力，树立良好的科学作风具有很大的帮助。

　　在本书的成稿过程中得到参编院校领导和各位同行的大力支持，在此表示衷心的感谢！

　　本书供中药、药学、制药技术、制药工程及相关专业本科生学习物理化学课程使用。

　　由于编写时间仓促，加之编者学识水平有限，错误之处在所难免，恳请各位同行和读者批评指正！

编　者

2014 年 6 月

C O N T E N T S 目 录

★第一章 绪 论

★第二章 基础实验

第三章 综合实验

◆ 第四章　物理化学实验技术与设备

✦ 附　录

第一章 ▶ 绪 论

第一节 物理化学实验的目的和要求

物理化学实验是化学实验的一个重要分支，是借助物理学的原理、技术、手段、仪器和设备，运用数学运算工具来研究和探讨物质系统的物理化学性质和化学反应规律的一门科学。它是在无机化学实验、分析化学实验和有机实验基础上的进一步提升，并和它们一起构成完整的化学实验系统。物理化学实验可加深学生对物理化学理论的理解，是物理化学教学中的重要环节，它综合了化学领域中各分支所需要的基本研究工具和方法。物理化学实验根据不同的教学要求，可以单独作为一门课程开设，也可以和物理化学理论部分合并作为一门课程开设。

一、物理化学实验的目的

在进行物理化学实验时，学生应虚心学习，勤于动手，善于思考，认真做好每个实验，达到以下目的。

（1）验证所学的物理化学基本原理，巩固和加深对物理化学原理的理解，训练使用仪器的操作技能。

（2）培养和锻炼学生观察现象，正确记录数据、处理数据和分析实验结果的能力，培养学生严肃认真、实事求是的科学态度和作风。

（3）掌握物理化学实验的基本方法和技能，从而能够根据所学原理设计实验、选择和正确地使用仪器，提高学生对化学知识的灵活运用能力。

（4）努力培养逻辑思维和独立从事科学研究工作的能力。

二、物理化学实验要求

学生应严格遵守物理化学实验室的规章制度，对物理化学实验室的安全操作应予以特别重视。若两人一组实验，则应合理分工合作，统筹安排实验时间。

（1）实验前要求预习，在充分预习的基础上写出实验预习报告。学生在预习时要做到：了解实验的目的和原理，了解所用仪器的构造和使用方法，了解实验的过程与步骤，了解实验过程中应注意的问题，了解如何记录数据，了解如何处理实验数据。

（2）实验过程中正确记录实验数据与现象。学生在实验过程中，应认真仔细观察实验现象，按照实验设计实事求是地在编有页码和日期的实验记录本上记录实验数据，数据记录要表格化，字迹要整齐清楚。

（3）实验结束后按要求写出实验报告。学生在实验结束后根据观察的实验现象与记录的实验数据，仔细思考认真分析写出实验报告。

三、如何书写物理化学实验的预习报告和实验报告

做物理化学实验前为保证实验的顺利进行应预习实验内容，并写出预习报告。实验结束后，针对自己的实验过程和实验结果要写出实验报告。预习报告和实验报告写法如下。

1. 预习报告的写法

预习报告内容包括：实验的目的、原理和意义，实验注意事项，实验数据记录表格。实验前预习与否决定了实验的效果，所以要养成实验前预习的好习惯。

2. 实验报告的写法

物理化学实验报告的内容大致可分为：实验目的和原理、实验装置、实验条件（温度、大气压、试剂、仪器精密度）、原始实验数据、数据的处理、作图及分析讨论。实验报告的重点应该在对实验数据的处理和对实验结果的分析及讨论上。这种讨论一般包括对实验现象的分析和解释、对实验结果的误差分析、对实验的改进意见以及心得体会和查阅过的文献目录等。

第二节　物理化学实验数据的处理方法

物理化学实验结果的处理方法主要有四种：列表法、绘图法、方程式法和计算机辅助法。

一、列表法

进行物理化学实验时，常常得到大量的数据，利用表格使其整齐而有规律地表达出来，便于检查、处理和运算，这种方法称为列表法。列表时应注意以下几点。

（1）每一表格应该有简明而完备的名称。

（2）表格的每一行或每一列的第一栏上，详细写上名称和单位。

（3）表格中的数据应化为最简单的形式表示，公共的乘方因子应在第一栏的名称下注明。

（4）每一列中，数字的排列要求要整齐，位数和小数点要对齐，注意有效数字的位数。

（5）原始数据与结果可并列在一张表上，但要把处理方法和运算公式在表下注明。

二、绘图法

把实验得到的数据准确而规范地绘出图形，直观地表示各个测量值之间的关系，直接反映出数据变化的特点，如出现极大、极小或发生转折等，根据所绘图形，求外推值、求经验方程、作切线求函数的微商、根据曲线的转折点求某些数据或根据曲线所包围的面积，求算某些物理量，从而得到所需的结果，这种处理实验数据的方法，称为绘图法。由于绘图法具有很多优越性，因此绘图法的应用，极为广泛。绘图时遵循的步骤及规则如下。

1. 坐标纸和比例尺的选择

最常用的是直角坐标纸，有时也用半对数或全对数坐标纸，三组分系统相图则使用三角坐标纸。

用直角坐标纸作图时，以自变量为横轴，因变量为纵轴，横轴与纵轴上的分度不一定从"0"开始，可视具体情况而定。坐标轴上分度的选择极为重要，若选择不当，将使曲线的某些相当于极大、极小或折点的特殊部分不能显示清楚。分度的选择应遵守下述规则：要能表示出全部有效数字，以使从作图法求出的物理精确度与测量的精确度相适应；坐标轴上每小格所对应数值应简便易读，便于计算，一般取1、2、5等；在上述条件下，应考虑充分利用图纸的全部面积，使全图布局匀称合理；若作的图形是直线，分度的选择应使其直线和坐标轴呈45°角。

2. 画坐标轴

坐标的分度选定后，画上坐标轴，在轴旁注明该轴所代表变数的名称及单位。在纵轴之左以及横轴下面每隔一定距离写下该处变数应有之值，以便作图及读数。纵轴分度自下而上，横轴自左至右。

3. 作测量点

将测得的数据，以点描绘于坐标纸上即可，如果自变数与因变数的误差相等，则用"○"代表各点，若在同一图上表示几组测量数据时，应用不同的符号加以区别，如⊙、△、□、※等。

4. 连曲线

作出各测量点后，用曲线板或曲线尺作出尽可能接近于各点的曲线，曲线应光滑均匀，细而清晰。曲线不必通过所有的点，但分布在曲线两旁的点数，应近似相等。点和曲线间的距离，表示测量的误差，要使曲线和点间的距离的平方和为最小，并且曲线两旁各点与曲线间的距离应近于相等。在作图时也存在着作图误差，所以作图技术的好坏也将影响实验结果的准确性。

5. 写图名

曲线作好后，应写上完备的图名，标明坐标轴代表的物理量及比例尺，注写主要的测量条件，如温度、压力等。

附：切线的作法

在曲线上作切线，通常应用下面两种方法。

（1）镜像法　若需在曲线上任一点 Q 作切线，可取一平面镜垂放于图纸上，使镜面和曲线的交线通过 Q 点，并以 Q 点为轴，旋转平面镜，待镜外的曲线和镜中的曲线的像，成为一光滑曲线时，沿镜边缘作直线 AB，这就是法线。通过 Q 点作 AB 的垂线 CD，CD 线即为切线，见图 1—1a。

（2）平行线法　在所选择的曲线段上，作两条平行线 AB 与 CD，作此两段的中点连线 EF，与曲线相交于 Q，通过 Q 作 AB、CD 相平行的直线 GH，

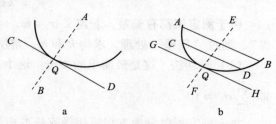

图 1－1　切线的作法
a. 镜像法　b. 平行线法

GH 即为此曲线在 Q 点的切线，见图 1 – 1b。

三、方程式法

经验方程式是客观规律的近似描写，它是理论探讨的线索和根据，许多经验方程式中系数的数值，是与某一些物理量相对应的，为了得此物理量，常将实验数据归纳为经验方程式表示出来，这样表达方式简单，记录方便，便于进行微分、积分，这种处理实验数据的方法称为方程式法。

例如在固 – 液界面吸附中，朗格缪尔（Langmuir）吸附方程被证明在经验上是成立的。吸附量 Γ 和吸附物的平衡浓度 c 有下列关系。

$$\frac{c}{\Gamma} = \frac{c}{\Gamma_\infty} + \frac{1}{b\Gamma_\infty}$$

从上式可以看出，以 c/Γ 对 c 作图，应该是一直线。由斜率可求出饱和吸附量 Γ_∞，进一步可以计算每个分子的截面积和吸附剂的比表面。

1. 图解法

在直角坐标纸上，用实验数据作图的一直线，建立经验方程：$y = kx + m$，k 和 m 可用下法求出。

（1）截距斜率法　将直线延长与 y 轴相交，在 y 轴上的截距即为 m，直线斜率为 k。若直线与 x 轴的夹角为 θ，则 $k = \text{tg}\theta$。

（2）端值法　在直线两端选两个点，其坐标为 (x_1, y_1)、(x_2, y_2) 因它们既在直线，必然符合直线方程，所以得：

$$\begin{cases} y_1 = kx_1 + m \\ y_2 = kx_2 + m \end{cases}$$

解此联立方程即得：　　　$k = \dfrac{y_1 - y_2}{x_1 - x_2}$　　　$m = y_1 - kx_1$

　　　　　　　　　　　　　　　　　　　　　　　$m = y_2 - kx_2$

2. 计算法

根据所测数据直接计算，以求得 k 和 m。

假设从实验得到几组数据：(x_1, y_1)，(x_2, y_2) … (x_n, y_n)，若都符合直线方程，则应成立下列方程组：

$$y_1 = kx_1 + m$$
$$y_2 = kx_2 + m$$
$$\cdots \quad \cdots$$
$$y_n = kx_n + m$$

由于测定值都有偏差，若定义 $\sigma_i = kx_i + m - y_i \quad i = 1, 2, 3\cdots$ 为第 i 组数据的"残差"。通过"残差"处理，求得 k 和 m。常用的处理"残差"的方法有两种。

（1）平均法　这是最简单的方法。这个方法令经验公式中"残差"的代数和为零，即 $\sum\limits_{i=1}^{n} \sigma_i = 0$

将上列方程组分为方程组相等或基本相等的两组。

$$y_1 = kx_1 + m \quad y_{p+1} = kx_{p+1} + m$$

$$\cdots\cdots \cdots\cdots \qquad \cdots\cdots \cdots\cdots$$

$$y_p = kx_p + m \quad y_n = kx_n + m$$

叠加起来得:

$$\sum_{i=1}^{p} \sigma_i = k\sum_{i=1}^{p} x_i + pm - \sum_{i=1}^{p} y_i = 0$$

$$\sum_{i=p+1}^{n} \sigma_i = k\sum_{i=p+1}^{n} x_i + pm - \sum_{i=p+1}^{n} y_i = 0$$

将上面两个方程式联立解之,便可以求出 k 和 m。

现有下列数据,按上述方法处理如下:

x	1	3	8	10	13	15	17	20
y	3.0	4.0	6.0	7.0	8.0	9.0	10.0	11.0

将这些数据组合为两组:

$$\sigma_1 = k + m - 3.0 \qquad \sigma_5 = 13k + m - 8.0$$

$$\sigma_2 = 3k + m - 4.0 \qquad \sigma_6 = 15k + m - 9.0$$

$$\sigma_3 = 8k + m - 6.0 \qquad \sigma_7 = 17k + m - 10.0$$

$$\sigma_4 = 10k + m - 7.0 \qquad \sigma_8 = 20k + m - 11.0$$

根据 $\sum_i \sigma_i = 0$,上面的两组数据之和应为零,即:

$$22k + 4m - 22.0 = 0 \qquad 65k + 4m - 38.0 = 0$$

将上面两个方程联立并解之,得: $k = 0.420 \quad m = 2.70$

由此得到所求直线方程为: $y = 0.420x + 2.70$

(2) 最小二乘法 这是最准确的处理方法,其根据是使"残差"的平方和为最小。以 F 表示"残差"的平方和,则有:

$$F = \sum_{i=1}^{n} \sigma^2$$

$$= \sum_{i=1}^{n} (kx_i + m - y_i)^2$$

$$= k^2 \sum_{i=1}^{n} x_i + 2km \sum_{i=1}^{n} x_i - 2k \sum_{i=1}^{n} x_i y_i + nm^2 - 2m \sum_{i=1}^{n} y_i + \sum_{i=1}^{n} y_i^2$$

根据函数有极限值的条件,使 F 为最小,必须有:

$$\frac{\partial F}{\partial k} = 0 \qquad \frac{\partial F}{\partial m} = 0$$

即:

$$\frac{\partial F}{\partial k} = 2k \sum_{i=1}^{n} x_i^2 + 2m \sum_{i=1}^{n} x_i - 2 \sum_{i=1}^{n} x_i y_i = 0$$

$$\frac{\partial F}{\partial m} = 2k \sum_{i=1}^{n} x_i + 2nm - 2 \sum_{i=1}^{n} x_i = 0$$

将上两式联立,便可以解出 k 和 m。

$$k = \frac{n \sum_{i=1}^{n} x_i y_i - \sum_{i=1}^{n} x_i \sum_{i=1}^{n} y_i}{n \sum_{i=1}^{n} x_i - \left(\sum_{i=1}^{n} x_i \right)^2}$$

$$m = \frac{\sum_{i=1}^{n} x_i^2 \sum_{i=1}^{n} y_i - \sum_{i=1}^{n} x_i \sum_{i=1}^{n} x_i y_i}{n \sum_{i=1}^{n} x_i^2 - \left(\sum_{i=1}^{n} x_i \right)^2}$$

现将前面的数据，按最小二乘法处理如下：

	x	y	x^2	xy
	1	3.0	1	3.0
	3	4.0	9	12.0
	8	6.0	64	48.0
	10	7.0	100	70.0
	13	8.0	169	104.0
	15	9.0	225	135.0
	17	10.0	289	170.0
	20	11.0	400	220.0
总和	87	58.0	1257	762.0

$$n = 8 \quad \sum x = 87 \quad \sum y = 58.0 \quad \sum x^2 = 1257 \quad \sum xy = 762.0$$

将上述数据代入最小二乘法的公式中得：

$$k = \frac{8 \times 762.0 - 87 \times 58}{8 \times 1257 - 87^2} = 0.422$$

$$m = \frac{1257 \times 58.0 - 87 \times 762.0}{8 \times 1257 - 87^2} = 2.66$$

由此得所求直线方程为：$y = 0.422x + 2.66$

四、计算机辅助法

1. 不同类型实验的计算机辅助处理实验数据

（1）图形分析及公式计算类实验，可直接用计算器完成的，如"燃烧热的测定"、"凝固点降低法测定摩尔质量"、"差热分析"、"电导法测定弱电解质的电离常数"、"电泳"等实验。

（2）用实验数据作图或对实验数据计算后作图，然后线性拟合，由拟合直线的斜率或截距求得需要的参数类型的实验，可在计算机上使用 Excel 或 Origin 软件完成，如"液体饱和蒸气压的测定"、"蔗糖转化速率的研究"、"乙酸乙酯皂化反应速率常数的测定"、"黏度法测定高分子化合物的摩尔质量"等实验。

（3）非线性曲线拟合，作切线，求截距或斜率类型的实验，可用 Origin 软件在计算机上完成，如"固液界面上的吸附"、"沉降分析"等实验。

2. Excel 软件处理物化实验数据

例如 Excel 软件处理"蔗糖转化速率的研究"实验数据。

蔗糖水解反应的方程可以表示为：$\ln(\alpha_t - \alpha_\infty) = -kt + \ln(\alpha_0 - \alpha_\infty)$，实验测定旋光度 α_t 和 α_∞，显然 $\ln(\alpha_t - \alpha_\infty)$ 对 t 作图可以得到一条直线，从直线的斜率就可以得到反应速率 k。实验测定数据如表 1 - 1。

表 1 - 1　不同时刻蔗糖溶液的旋光度（25℃）（$\alpha_\infty = -2.20$）

时间（min）	2.28	7.52	12.50	18.02	22.15	32.34	52.65	77.34	102.82
旋光度（°）	6.15	5.15	4.45	3.55	2.92	1.80	0.05	-1.15	-1.70

（1）启动 Excel 软件，输入数据，根据需要输入计算公式。

① C 列数据输入公式 $\ln(\alpha_t - \alpha_\infty)$：选中 C2 单元格，在里面输入 "＝ LN（＄B2 + 2.20），点击 "√" 得计算结果，然后鼠标按住 C2 单元格右下角，下拉即可得到此列所有数据。

② D3 输入反应速率 k 的计算公式即线性方程斜率的负值计算公式：选中 D3，输入 "LINEST（C2：C10，A2：A10）* -1"，点击 "√" 得计算结果。

③ D5 输入反映 $\ln(\alpha_t - \alpha_\infty)$ 与 t 相关程度的相关系数的计算公式：输入 "CORREL（C2：C10，A2：A10）"，点击 "√" 得计算结果。

④ D7 输入半衰期 $t_{1/2}$ 计算公式 $\ln 2/k$：输入 "LN（2）/D3"，点击 "√" 得计算结果，如图 1 - 2 所示。

	A	B	C	D	E	F
1	时间（min）	旋光度（°）	ln（α t-α∞	结果		
2	2.28	6.15	2.122262	k（min-1）		
3	7.52	5.15	1.9947	0.028194		
4	12.5	4.45	1.894617	相关系数		
5	18.02	3.55	1.7492	-0.99919		
6	22.15	2.92	1.633154	半衰期t1/2（min）		
7	32.34	1.8	1.3862294	24.5849		
8	52.65	0.05	0.81093	注：反应体系HCL浓度为2.0mol/L，		
9	77.34	-1.15	0.04879	反应温度为25℃		
10	102.82	-1.7	-0.69315			
11	∞	-2.2				

图 1 - 2　Excel 软件处理物化实验数据

（2）作图

① 选择作图数据区域 A2 ~ A10，C2 ~ C10。

② 单击 "插入"，单击 "插图"，在 "图表类型" 栏中选 "XY 散点图"，在 "子图表类型" 中选择只有点的图形类型。

单击 "下一步" 按钮，进入 "步骤 2"。选中 "系列" 卡片，将名称项中内容改为 "$\ln(\alpha_t - \alpha_\infty) - t$ 图"。

③ 单击 "下一步" 按钮，进入 "步骤 3"。在 "标题" 卡片中写上 x 轴和 y 轴的名称；在 "坐标轴" 卡片中选 x、y 轴为主坐标轴；在 "网格线" 卡片中去掉所有的选项。

④ 单击 "下一步" 按钮，进入 "步骤 4"。选择 "作为其中的对象插入"，单击

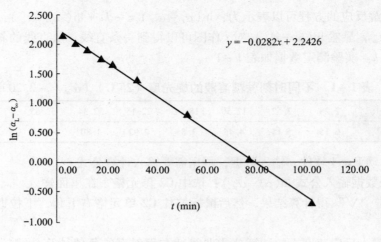

图 1-3　$\ln(\alpha_t - \alpha_\infty) - t$ 图

"完成"按钮。调整图形的位置和大小。单击菜单栏中的"图表"菜单中的"添加趋势线"命令，弹出对话框。在"类型"卡片中，选"线性回归分析类型"。在"选项"卡片的复选框中选中"显示公式"和"显示 R 平方值"，单击"确定"按钮。将生成的公式文本框移至图表的合适位置。删除"图例"文本框，此图例在本图中意义不大。

3. Origin 软件处理物化实验数据

例如最大气泡法测定表面张力的实验，在 Origin 7.5 文件夹中找到 Origin 75. exe 文件，双击该文件即可运行程序，会出现 1 个界面。

（1）输入实验数据并计算 σ

① 启动 Origin 后，在工作表（即 Data 1）中输入实验数据：输入溶液浓度 c 和最大气泡附加压力 Δp_{max} 两列实验数据。

再在"Column"菜单中点击"Add New Columns"添加新一列，并右击其顶部，在"Columns"菜单中点击"Set Column Values"，根据公式 $\sigma = \dfrac{\sigma_{水}}{\Delta p_{max, H_2O}} \Delta p_{max}$，在文本框中输入相应的计算表达式"0.07166/52.7 * Col（B）"，表达式中 0.07166 为纯水，52.7 为 $\Delta p_{max,水}$，Col（B）代表待测溶液的 Δp_{max} 值。点击"OK"，Origin 即自动将计算值填入该列。如下所示，σ 为计算值。

乙醇浓度	Δp_{max}	σ
0.05	38.9	0.0529
0.1	34.4	0.04678
0.15	30.1	0.04093
0.2	27.6	0.03753
0.3	23.6	0.03209
0.5	20.4	0.02774

② 做 σ - 乙醇浓度图　以 σ 对乙醇浓度作出散点图：先按住 Ctrl 键，然后分别单击 A 列（乙醇浓度）和 C 列（σ），即可选中这两列。在"Plot"菜单下选"Scatter"，即可得到 1 个"Graph 1"窗口散点图。

③ 进行一阶指数衰减式拟合：在"Analysis"菜单下点击"Fit Exponential Decay/First Order"，即可得到拟合曲线（图 1 - 4）（在 Edit 菜单下选择 Copy Page 即可复制）。

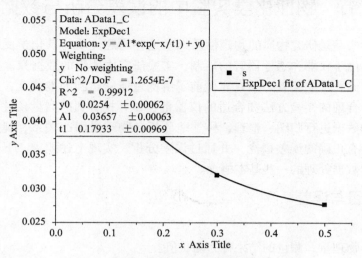

图 1 - 4　Origin 软件处理物化实验数据

④ 单击浮在窗口上的四方格，按 Delete 键即可删除它。

（2）做乙醇浓度为 20% 处的切线

① 把 Origin 7.5 文件夹中的"斜率曲线 . opk"文件（在最后）拖入 Origin 7.5 窗口，即可自动安装该小程序，完成后会出现 1 个小小的窗口，只有两个快捷键。（此时可以先缩小 Origin 7.5 窗口，然后左键点解"斜率曲线 . opk"文件，拖入 Origin 7.5 窗口）。

② 左键点击出现的小小窗口的第 1 个快捷键后，双击乙醇浓度为 20% 处的点，就会出现此点处的一条切线（一次不行，点多次），并在窗口上有斜率出现（slope = - 0.068893）。如图 1 - 5 所示（在 Edit 菜单下选择 Copy Page 即可复制）。

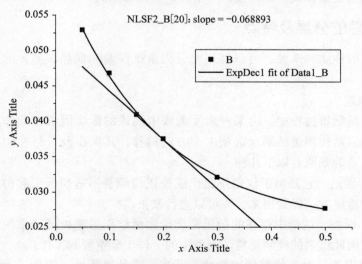

图 1 - 5　Origin 软件处理物化实验数据

③ 所求斜率 slope = - 0.068893 为吸附公式 $\Gamma = - \dfrac{x}{RT}\left(\dfrac{\partial \sigma}{\partial x}\right)_T$ 中的 $\left(\dfrac{\partial \sigma}{\partial x}\right)_T$，代入浓

度、R 值和温度就可求出最大吸附量。

第三节 物理化学实验中的误差分析与数据处理

物理化学实验是研究物质的物理性质以及这些物理性质与其化学反应间关系的一门实验科学。由于仪器和感觉器官的限制，实验研究中测得的数据只能达到一定程度的准确性，因此要求实验者必须在实验前了解测量所能达到的准确度，拟定可行的实验方案，选择合理的实验方法和合适的仪器量程，寻找有利的测量条件，在实验后方能对所测得的数据进行归纳、整理，科学地分析各物理量间的关系、规律。这就要求实验者必须具有正确的误差概念，并通过误差分析，实现上述要求，下面简要介绍有关误差分析与数据处理的一些基本概念。

一、测量与误差

1. 测量

测量 1 个物理量，测量的结果称为测量值。

一切物理量的测量可分为直接测量和间接测量两种。测量结果可直接用测量的实验数据表示的称为直接测量。例如用天平称量物质的量，用温度计测量物体的温度等，均属于直接测量。测量结果要由若干直接测量的数据，应用某种公式通过计算才能得到的称为间接测量。例如某物质的燃烧热、某化学反应的平衡常数等，均属于间接测量。

2. 误差

在任何一种测量中，无论所用的测量仪器多么精密，方法多么完善，实验者多么细心，所得结果常常不能完全一致，总有一定的误差或偏差。严格地说，误差是测量值与真值之间的差值，偏差是测量值与平均值之间的差值。

二、误差的分类及特点

根据误差的性质和来源，可以将误差分为系统误差和偶然误差，此外还有所谓的过失误差。

1. 系统误差

系统误差是测量过程中，由某种未发觉或未确认的影响因素在起作用而产生的误差。这些影响因素使测量结果永远朝 1 个方向偏移，其大小及符号在同一实验中完全相同。系统误差的来源有以下几种。

（1）仪器误差　它是由于仪器不良，或校正与调节不适当所引起的。这种误差可以通过一定的检定方法发觉出来，并可以进行改正。

（2）试剂误差　试剂中存在的杂质常会给测量结果带来极其严重的影响，使测量结果不准确。因此试剂的纯制是科学测量中的一件十分重要的工作。

（3）环境误差　由于仪器使用环境不适当，或外界条件（温度、大气压、湿度及电磁场等）发生恒向变化，则会引起这种误差。

（4）方法误差　测量方法所依据的理论不完善会产生这种误差，它可以通过不同测量方法的对比实验来进行检核。

（5）个人误差 它产生于测量者的感觉器官的不同，或个人的不恰当的视读习惯及偏向。

2. 偶然误差

偶然误差是某些无法发觉、无法确认和无法控制的影响因素引起的。偶然误差有时大、有时小、有时正、有时负，但如果多次测量，便会发现数据的分布符合一般统计规律。这种规律可由图 1-6 中的典型曲线来表示，此曲线称为误差的正态分布曲线。此曲线的函数形式为：

$$y = \frac{1}{\sqrt{2\pi}\,\sigma}e^{-\frac{x^2}{2\sigma^2}}$$

式中，y 是 n 次测量中偶然误差出现的概率；σ 为标准误差。

由该曲线可以看出：

（1）误差小的比误差大的出现机会多，故误差的概率与误差大小有关。个别特别大的误差出现的次数极少。

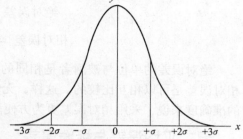

图 1-6 误差正态分布曲线

（2）由于正态分布曲线与 y 轴对称，因此数值大小相同及符号相反的正、负误差出现的概率近于相等。如以 m 代表无限多次测量结果的平均值，在没有系统误差的情况下，它可以代表真值，σ 为无限多次测量所得标准误差。由数理统计方法分析可以得出，误差在 $\pm 1\sigma$ 内出现的概率是 68.3%，在 $\pm 2\sigma$ 内出现的概率是 95.5%，在 $\pm 3\sigma$ 内出现的概率是 99.7%，可见误差超过 $\pm 3\sigma$ 的出现概率只有 0.3%。因此如果多次重复测量中个别数据的误差之绝对值大于 3σ，则这个极端值可以舍去。

偶然误差虽不能完全消除，但基于误差理论对多次测量结果进行统计处理，可以获得被测定的最佳代表值及对测量精密度作出正确的评价。在基础物理化学实验中的测量次数有限，若要采用这种统计处理方法进行严格计算可查阅有关参考书。

3. 过失误差

过失误差是由于实验过程中犯了某种不应有的错误所引起的，如标度看错、记录写错、计算弄错等。过失误差是一种不应该有的人为错误。此类误差无规则可寻，只要多方警惕，细心操作，过失误差是可以完全避免的。

三、准确度和精密度

准确度指观测值与真值的接近程度，表示测量结果的准确性大小，精密度是各观测值相互接近的程度，表示测量结果的重现性大小。精密度高又称再现性好。准确度与精密度的区别，可用以下事例说明。3 人同时测定某一溶液的折射率，各测量 3 次，其测定结果如下：A，1.3684，1.3684，1.3685，平均值为 1.3684；B，1.3702，1.3689，1.3694，平均值为 1.3695。C，1.3685，1.3687，1.3688，平均值为 1.3688。已知此溶液的折射率的真值为 1.3687，A 的测定结果的精密度很高，但平均值与真值相差较大，说明其准确度较低。B 的测定结果的准确度与精密度都较低，而 C 的准确度与精密度都很高。可见，在一组测量中，尽管精密度很高，但准确度不一定很好，高精密度不能保证高准确度；高准确度必须有高精密度来保障。只有在没有系统误差时，准确度和精密度才是一致的。

这里必须指出，任何测量都不可能得到真值，真值只是理想的数值，但通常可以由通过多次测量所得的算术平均值来代替。在实际应用时，测量准确度的表示通常取测量误差的表示法，而测量精密度的表示则取测量偏差的表示法。

四、绝对误差与相对误差

绝对误差是观测值与真值之差。相对误差是绝对误差与真值的百分比。即

$$绝对误差 = 观测值 - 真值$$

$$相对误差 = \frac{绝对误差}{真值} \times 100\%$$

绝对误差的单位与被测者是相同的，而相对误差是无单位的。因此不同物理量的相对误差是可以相互比较的。这样，无论是比较各种测量的精密度或是评定测量结果的准确度来说，采用相对误差更为方便。

五、平均误差与标准误差

测量结果的精密度，一般用单次测量的平均误差来表示，即

$$\bar{d} = \frac{|d_1| + |d_2| + \cdots + |d_n|}{n} \qquad (1-1)$$

式中，d_1、d_2、$\cdots\cdots d_n$ 为第 1、2、$\cdots\cdots n$ 次测量结果的绝对误差。

各次测量结果的相对平均误差为

$$相对平均误差 = \frac{\bar{d}}{\bar{x}} \times 100\% \qquad (1-2)$$

式中，$\bar{x}$ 为算术平均值。

用数理统计方法处理实验数据时，常用标准误差来衡量测量精密度。标准误差又称为均方根误差。其定义为

$$\sigma = \sqrt{\frac{d_i^2}{n}}$$

$i = 1, 2, 3, \cdots\cdots n$。当测量次数不多时，单次测量的标准误差可按下式计算

$$\sigma = \sqrt{\frac{d_1^2 + d_2^2 + \cdots + d_n^2}{n-1}} = \sqrt{\frac{\sum d_i^2}{n-1}} \qquad (1-3)$$

式中，$d_i = x_i - \bar{x}$，$\bar{x}$ 是 n 个观测值的算术平均值，即 $\bar{x} = \frac{x_1 + x_2 + \cdots + x_n}{n}$。$n-1$ 称为自由度，是指独立测定的次数减去处理这些观测值时所用的外加关系条件的数目。因此在有限观测次数时，计算标准误差公式中采用 $n-1$ 的自由度就起了除去这个外加关系条件（$\bar{x}$ 等式）的作用。

用标准误差表示精密度要比用平均误差好，因为单次测量的误差平方之后，较大的误差更显著地反映出来，这就更能说明数据的分散程度。例如甲乙二人打靶，每人两次，甲击中处离靶中心为 3.3cm（1 寸）和 9.9cm（3 寸），乙击中处则为 6.7cm（2寸）和 6.7cm（2 寸）。这两人射击的平均误差都为 2。但乙的射击精密度要比甲的要

高些，因为按照最小二乘法原理，甲的误差平方和是 $1^2 + 3^2 = 10$，而乙的是 $2^2 + 2^2 = 8$。其甲的标准误差为 $\sqrt{10}$，而乙的标准误差却为 $\sqrt{8}$。因此在精密地计算实验误差时，大多采用的是标准误差，而不用以百分数表示的算术平均误差。

六、有效数字与运算法则

在实验工作中，对任意一物理量的测定，其准确度都是有限的，只能以某一近似值表示之。因此测量数据的准确度就不能超过测量所允许的范围。实际上有效数字的位数就指明了测量准确的幅度。现将有关的有效数字和运算法则简述如下。

（1）记录测量数据时，一般只保留一位可疑数字，其余数均为准确数字，此时所记的数字为有效数字。例如，滴定管的读数为 32.47，可疑数据为百分位的 7，准确到十分位的 4。

在确定有效数字时，要注意"0"这个符号。紧接小数点后的 0 仅用来确定小数点的位置，并不作为有效数字。例如 0.00015g 中，小数点后三个 0 都不是有效数字。而 0.150g 中的小数点后的 0 是有效数字，至于 350mm 中的 0 就很难说是不是有效数字，最好用指数来表示，以 10 的方次前面的数字说明有效数字的位数。如写成 $3.5 \times 10^2 \text{mm}$，则表示有数数字为两位；写成 $3.50 \times 10^2 \text{mm}$，则有效数字为三位；其余类推。

（2）在运算中舍去多余数字时采用四舍五入法。凡末位有效数字后面的第一位数大于 5，则在其前一位上增加 1，小于 5 则舍去。等于 5 时，如前一位为奇数，则增加 1，如前一位为偶数则舍去。例如，对 27.0235 取四位有效数字时，结果为 27.02，取五位有效数字时，结果为 27.024。但将 27.015 与 27.025 取为四位有效数字时，则都为 27.02。

（3）加减运算时，计算结果有效数字的末位的位置应与各项中绝对误差最大的那项相同。或者说保留各小数点后的数字位数应与最小者相同。例如 13.75，0.0084，1.642 三个数据相加，若各数末位都有 ±1 个单位的误差，则 13.75 的绝对误差 ±0.01 为最大的，也就是小数点后位数最少的是 13.75 这个数，所以计算结果的有效数字的末位应在小数后第二位。此式计算列式为 $13.75 + 0.01 + 1.64 = 15.40$

（4）若第一位有效数字等于 8 或大于 8，则有效数字位数可多计 1 位。例如 9.12 实际上虽只三位，但在计算有效数字时，可作四位计算。

（5）乘除运算时，所得的积或商的有效数字，应以各值中有效数字最低者为标准。例如 $2.3 \times 0.524 = 1.2$

又如，$1.58 \times 91 \times 0.02541 = ?$ 其中 91 的有效数字最低，但由于首位是 9，故把它看成三位有效数字，其余各数都保留到三位。因此上式计算结果为 3.65，保留三位有效数字。

在比较复杂计算中，要按先加减后乘除的方法，计算中间各步可保留各数值位数较以上规则多一位，以免由于多次四舍五入引起误差的积累，会对计算结果带来较大影响，但最后结果仍只保留其应有的位数。

（6）在所有计算式中，常数 R、e 和一些取自手册的常数，可认为是无限制的，按需要取有效数字的位数。例如当计算式中有效数字最低者为二位，则上述常数可取二位或三位。

（7）在对数计算中，所取对数位数（对数首数除外）应与真数的有效数字相同。

① 真数有几位有效数字，则其对数的尾数也应有几位有效数字，如
$\lg 317.2 = 2.5013$；$\lg 7.1 \times 10^{28} = 28.85$。

② 对数的尾数有几位有效数字，则其反对数也应有几位有效数字，如 $0.652 = \lg 4.49$。

（8）在整理最后结果时，要按测量的误差进行化整，表示误差的有效数字一般只取一位，多也不超过二位，例如 1.45 ± 0.01。当误差第一位数为 8 或 9 时，只须保留一位。

任何 1 个物理量的数据，其有效数字的最后一位，在位数上应与误差的最后一位相对应。例如，测量结果为 1223.78 ± 0.054，化整记为（1223.78 ± 0.05）。又如，测量结果为 14356 ± 86，化整记为（1.436 ± 0.009）$\times 10^4$。

（9）计算平均值时，若为 4 个数或超过 4 个数相平均，则平均值的有效数字位数可增加一位。

七、间接测量中的误差传递

在物理化学实验数据的测定工作中，绝大多数是要对几个物理量进行测量，代入某种函数关系式，然后加以运算，才能得到所需的结果，这称为间接测量。由于直接测量值总有一定的误差，因此他们必然引起间接测量值也有一定的误差，即直接测量误差不可避免地会传递到间接测量值中去，而产生间接测量误差。下面讨论如何从直接测量的误差来计算间接测量的误差，从而得到误差传递公式。

当间接测量值（N）为直接测量值（x、y、z……）的函数时，即

$$N = f(x, y, z \cdots \cdots)$$

其全微分为

$$dN = \left(\frac{\partial N}{\partial x}\right)_{y,z\cdots} dx + \left(\frac{\partial N}{\partial y}\right)_{x,z\cdots} dy + \cdots\cdots$$

$$\frac{dN}{N} = \frac{1}{N}\left[\left(\frac{\partial N}{\partial x}\right)_{y,z\cdots} dx + \left(\frac{\partial N}{\partial y}\right)_{x,z\cdots} dy + \cdots\cdots\right]$$

设各变量的直接误差较小，可代替式中的各变量的微分，考虑到最不利的情况，各变量的直接测量的正负误差不能相互抵消，引起误差的积累，故采用他们的绝对值代入上式

$$\Delta N = \left|\frac{\partial N}{\partial x}\right||\Delta x| + \left|\frac{\partial N}{\partial y}\right||\Delta y| + \cdots\cdots$$

$$\frac{\Delta N}{N} = \frac{1}{N}\left(\left|\frac{\partial N}{\partial x}\right||\Delta x| + \left|\frac{\partial N}{\partial y}\right||\Delta y| + \cdots\cdots\right)$$

此二式即为由直接误差计算间接误差的计算公式，或称误差传递公式。由此可见，用微分法进行函数相对误差的计算比较简单，也比较容易记住。

（1）加法

设 $N = x + y + z + \cdots$ 　　$\dfrac{\Delta N}{N} = \dfrac{|\Delta x| + |\Delta y| + |\Delta z| + \cdots}{x + y + z + \cdots}$

（2）减法

设 $N = x - y - z - \cdots$ 　　$\dfrac{\Delta N}{N} = \dfrac{|\Delta x| + |\Delta y| + |\Delta z| + \cdots}{x - y - z + \cdots}$

（3）乘法

设 $N = x \cdot y \cdot z \cdots$　　　　$\dfrac{\Delta N}{N} = \left|\dfrac{\Delta x}{x}\right| + \left|\dfrac{\Delta y}{y}\right| + \left|\dfrac{\Delta z}{z}\right| + \cdots$

（4）除法

设 $N = x/y$　　　　　　$\dfrac{\Delta N}{N} = \left|\dfrac{\Delta x}{x}\right| + \left|\dfrac{\Delta y}{y}\right|$

（5）方次与根

设 $N = x^n$　　　　　　$\dfrac{\Delta N}{N} = n\left|\dfrac{\Delta x}{x}\right|$

（6）对数

设 $N = \ln x$　　　　　$\dfrac{\Delta N}{N} = \left|\dfrac{\Delta x}{x \ln x}\right|$

间接测量的绝对误差可由它的相对误差算出，即

$$\Delta N = N\left(\dfrac{\Delta N}{N}\right)$$

实验后计算的结果应表示为 $N = \overline{N} \pm \Delta N$，其中 $\overline{N}$ 为实验间接测量的测量值或测量值的平均值，ΔN 为绝对误差。

第二章 ▶ 基础实验

实验一 蛋白质的盐析与变性

一、实验目的

了解蛋白质的盐析和变性的原理与方法。

二、实验原理

大分子溶液（蛋白质）的浓度、大分子的形状、电解质（盐类）、pH、光、热、空气等都对大分子溶液的盐析有影响，这里主要讨论电解质的影响。

实验表明，发生盐析作用的主要原因是大分子与溶剂间的相互作用被破坏，即去水化而造成的。我们知道，在水溶液中离子都是水化的，大分子化合物中的分子也是这样，当在大分子溶液中加入适量的电解质后，一部分溶剂由于电解质的加入形成水化离子，使溶剂失去溶解大分子的性能，这样大分子物质被去水化。而大分子溶液的稳定性，主要靠包围在大分子外面的水化膜保护，一旦水化膜不能形成，则大分子溶液就要聚沉，这就是盐析现象。

大分子溶液发生盐析作用时，必须要有足够多量的电解质加入，而且，电解质的去水化作用越强，其盐析能力就愈大，大分子溶液盐析生成的沉淀物有一个特点，就是这种沉淀在加入溶剂后能恢复成溶液。

蛋白质的变性多半是发生在具有球形结构的物质中，物理或化学的因素都可使蛋白质发生变性。

蛋白质变性最显著的特征是分子形状发生了根本的变化，这种改变一般是分两个阶段进行的（图 2 – 1）。

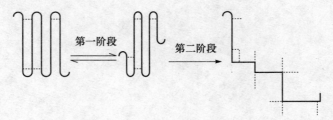

图 2 – 1 蛋白质的盐析与变性

第一阶段是局部微弱地发生在分子外部的变化，此时蛋白质分子结构没有多大变化，故这个阶段的变性是可逆的。

第二阶段是全面的整个分子的变性，这个阶段的变性是不可逆的，如图 2 – 1 所示。

已变性的蛋白质，即丝状的线性分子很容易相互结合起来，形成整体的网状结构，使整个溶胶凝结成整块的冻状物。例如，将鸡蛋清加热（热变性）便可形成这样整块的冻状物。

三、仪器与试剂

仪器：150ml 烧杯 3 个；100ml 量筒 1 个；减压过滤器 1 套；离心机 1 台；离心管 2 支。

试剂：硫酸铵；鸡蛋清。

四、实验步骤

1. 将蛋清倾入烧杯中，将其搅匀，用减压过滤器过滤，将滤液分为两份。

2. 在一份滤液中逐次加入少量硫酸铵粉末，边加边用玻璃棒搅拌，直至粉末不再溶解，达到饱和为止，此时可观察到有絮状蛋白质沉淀析出，离心机离心，弃去溶液，在沉淀中加入蒸馏水，搅拌，观察沉淀是否溶解。

3. 将另一份滤液加热，则生成絮状蛋白质沉淀。将沉淀加入蒸馏水，观察是否溶解。

五、数据处理

1. 记录实验现象，并写出结论。

2. 由实验结果说明盐析和变性的区别。

六、思考题

1. 不同价数的电解质离子是否具有不同的盐析能力？

2. 何为大分子溶液的盐析现象？何为其变性作用？

七、预习要求

1. 了解蛋白质变性的原理。

2. 本实验中需要注意哪些问题。

实验二 电导测定难溶药物的溶解度

一、实验目的

1. 测定硫酸钡和氯化银的溶解度。

2. 掌握测定溶液电导的实验方法。

3. 巩固溶液电导的基本概念。

二、实验原理

难溶药物如硫酸钡、氯化银及中药矿石类药物的溶解度很小，要直接测量溶解度用一般的化学滴定方法比较困难，而药物溶解度的大小是衡量优劣的重要标准之一。

根据摩尔电导率的定义，电导率与摩尔电导率之间有如下关系：

$$\Lambda_{\mathrm{m}} = \frac{\kappa}{c} \qquad\qquad (2-1)$$

式中，Λ_{m} 为摩尔电导率，κ 为电导率，c 为电解质溶液的浓度，对于难溶药物来说即为溶解度，既然是难溶物质，溶解度一定很小，即使是饱和溶液，离子的浓度仍然很小，这时可近似看做无限稀释溶液。根据科尔劳施离子独立运动定律，该溶液的摩尔电导率可用无限稀释的离子摩尔电导率通过简单加和求得：$\Lambda_{\mathrm{m}}^{\infty} = \Lambda_{\mathrm{m},+}^{\infty} + \Lambda_{\mathrm{m},-}^{\infty}$，因此式（2-1）可以写为：

$$\Lambda_{\mathrm{m}}^{\infty} = \frac{\kappa}{c} \qquad\qquad (2-2)$$

常温下，一些离子无限稀释的摩尔电导率如下：

$\Lambda_{\mathrm{m}}^{\infty}(\mathrm{Ag}^+) = 61.92 \times 10^{-4} \mathrm{S \cdot m^2/mol}$

$\Lambda_{\mathrm{m}}^{\infty}(\mathrm{Cl}^-) = 76.34 \times 10^{-4} \mathrm{S \cdot m^2/mol}$

$\Lambda_{\mathrm{m}}^{\infty}\left(\frac{1}{2}\mathrm{Ba}^{2+}\right) = 63.64 \times 10^{-4} \mathrm{S \cdot m^2/mol}$

$\Lambda_{\mathrm{m}}^{\infty}\left(\frac{1}{2}\mathrm{SO}_4^{2-}\right) = 79.8 \times 10^{-4} \mathrm{S \cdot m^2/mol}$

求得 $\Lambda_{\mathrm{m}}^{\infty}$，再通过实验测得该溶液的电导率，就能算出该难溶液药物溶解度，但必须注意实验测得的是电解质和水的总电导率，所以在运算中要从总电导率减去纯水的电导率。

三、仪器与试剂

仪器：DDS-11A 型电导率仪 1 台；恒温水箱 1 台；容量瓶（100ml）4 支；移液管（15ml）2 支；烧杯（20ml）2 个；洗瓶 1 个。

试剂：AgCl；BaSO₄。

四、实验步骤

1. 接通电导率仪电源预热 10 分钟并调整（详见第四章第七节）。

2. 选择合适的电导电极，将仪器上的电导池常数调到与所用电极上所标的常数一致。

3. 用蒸馏水配制 AgCl 和 BaSO₄ 饱和溶液置于 25℃±1℃ 的恒温水箱中恒温 30 分钟。

4. 分别快速吸取 15ml 饱和溶液置于 20ml 烧杯中，插入电导电极测定电导率，注意电极应完全浸入溶液中。

5. 将蒸馏水置于容量瓶并放入恒箱水浴中 30 分钟后取出，迅速测定其电导率。

6. 每测定 1 次，电极均要用蒸馏水冲洗干净。

7. 测定中注意电导电极的引线不能潮湿，并适当控制好测定温度，实验结束后，关好电源，充分洗涤电极。

五、数据处理

将所测得的 AgCl 和 BaSO$_4$ 溶液及蒸馏水的电导列出，经过处理计算出 AgCl 和 BaSO$_4$ 的溶解度。

六、思考题

若盐不是难溶盐是否可以利用这个方法求得其溶解度？

七、预习要求

1. 掌握电导率仪的使用方法。
2. 电解质溶液电导率的大小受什么因素的影响？

实验三　电导法测定表面活性剂临界胶束浓度

一、实验目的

掌握电导法测定表面活性剂溶液的临界胶束浓度（CMC）的原理与方法。

二、实验原理

在表面活性剂溶液中，当浓度增大到一定值时，表面活性剂离子或分子发生缔合，形成胶束（或称胶团）。对于某表面活性剂，其溶液开始形成胶束的浓度称为该表面活性剂的临界胶束浓度（critical micelle concentration，CMC）。中药制剂生产工艺过程中，常用加一定量的表面活性剂的方法，以解决药物的增溶、乳化、润湿、分散、气泡、消沫及有效成分的提取等问题。例如，中药注射剂的澄清度和稳定性等问题，中药片剂、栓剂和分散润湿能力，均可用在药液中加入适量的表面活性剂的方法来解决。此外，中药外用膏剂、洗剂、搽剂可用改变表面活性剂种类的方法来改变药物的亲水性或亲油性，以满足治疗需要；中药抗癌药物乳剂，为便于吸收可加入少量非离子型表面活性剂 Tween－80，使之形成 O/W 型乳剂。所以表面活性剂种类的选择及用量的多少，直接关系到疗效和用药安全。

由于表面活性剂溶液的许多物理化学性质随着胶束的形成而发生突变（图 2－2），故将 CMC 看做表面活性剂的一个重要特性，

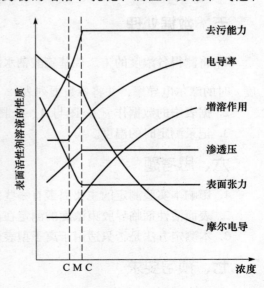

图 2－2　浓度对体系性质的影响

是表面活性剂溶液表面活性大小的量度。在药物生产工艺过程中，表面活性剂的用量可用其在溶液中形成胶束所需的最低浓度（即 CMC）作为参考标准，只要测得表面活性剂在某种药液中的 CMC，即可用于指导生产。此外，测定 CMC、分析影响 CMC 的因素，对深入研究表面活性剂的物理化学性质是至关重要的。

测定 CMC 的方法很多，原则上只要溶液的物理化学性质随着表面活性剂溶液浓度在 CMC 处发生突变，都可以用来测定 CMC，如核磁共振法、蒸气压法、溶解度法、光散射法、表面张力法、电导法、染料吸附法、紫外分光光度法、增溶法等。常用的测定方法是后 5 种方法，本实验应用电导法测定表面活性剂 CMC。

电导法原则上仅对离子型表面活性剂适用。对于离子型表面活性剂溶液，当溶液浓度很低时，电导的变化规律也和强电解质一样；但当溶液浓度达到 CMC 时，随着胶束的生成，电导率发生改变，摩尔电导率急剧下降，这样从电导率 κ - 浓度 c 曲线或摩尔电导率 Λ_m - c 曲线上的转折点可方便地求出 CMC。这就是电导法测定 CMC 的依据。

三、仪器与试剂

仪器：DDS – 11A 型电导率仪 1 台；容量瓶（25ml）；移液管。
试剂：氯化钾；十二烷基硫酸钠（用乙醇经 2 ~ 3 次重结晶提纯）；电导水。

四、实验步骤

1. 将 DDS – 11A 型电导率仪接好线路，通电预热 10min 准备测量（电导率仪使用方法详见第四章第七节）。

2. 用 25ml 容量瓶精确配制浓度范围在 3×10^{-3} ~ 3×10^{-2} mol/L 8 ~ 10 个不同浓度的十二烷基硫酸钠水溶液。配制时最好用新蒸出的电导水。

3. 从低浓度到高浓度依次测定表面活性剂溶液的电导率值。每次测量前电导电极都得用待测溶液润洗 2 ~ 3 次。

五、数据处理

1. 将测得各浓度的十二烷基硫酸钠水溶液的电导率按 $\Lambda_m = \dfrac{\kappa}{c}$ 关系式换算成相应浓度 c 时的摩尔电导率，并将各数据列表。

2. 据表中的数据作 κ - c 图与 Λ_m - c 图，由曲线转折点确定临界胶束浓度 CMC 值。

3. 记录测定时的温度。

六、思考题

1. 影响本实验测定的主要因素有哪些？
2. 表面活性剂临界胶束浓度的测定在药剂学上有何意义？
3. 本测定方法是否只适用于离子型表面活性剂？

七、预习要求

1. 掌握什么是 CMC。

2. 电导率仪的使用方法。

实验四 蔗糖转化速率的研究

一、实验目的

1. 测定蔗糖的转化速率常数和半衰期。
2. 了解反应的反应物浓度与旋光度之间的关系。
3. 了解旋光仪的基本原理，掌握旋光仪的正确操作技术。

二、实验原理

蔗糖转化反应：$C_{12}H_{22}O_{11} + H_2O \xrightarrow{H^+} C_6H_{12}O_6 + C_6H_{12}O_6$
（蔗糖）　　　　　（葡萄糖）　　（果糖）

是一个二级反应。在纯水中，此反应速率极慢，通常需要在 H^+ 的催化作用下进行。由于反应时水是大量存在的，尽管有部分水参加反应，可以近似认为整个反应过程中的水浓度是恒定的，而且 H^+ 是催化剂，其浓度也保持不变，因此蔗糖转化反应可看做为一级反应。一级反应的速率方程可由式（2-3）表示：

$$-\frac{dc_A}{dt} = kc_A \qquad (2-3)$$

式中，k 为反应速率常数，c_A 为时间 t 时的反应物浓度。

式（2-3）积分得

$$\ln c_A = -kt + \ln c_A^0 \qquad (2-4)$$

c_A^0 为反应开始时蔗糖的浓度。

当 $c_A = \frac{1}{2}c_A^0$ 时，t 可用 $t_{1/2}$ 表示，即为反应的半衰期：

$$t_{1/2} = \frac{\ln 2}{k} = \frac{0.693}{k} \qquad (2-5)$$

蔗糖及其转化产物都含有不对称的碳原子，它们都具有旋光性，但是它们的旋光能力不同，故可以利用系统在反应过程中旋光度的变化来度量反应的进程。

测量物质旋光度所用的仪器称为旋光仪。溶液的旋光度与溶液中所含旋光物质的旋光能力、溶剂性质、溶液的浓度、样品管长度、光源波长及温度等均有关系。当其他条件均固定时，旋光度 α 与反应物浓度 c 呈线性关系，即：

$$\alpha = Kc \qquad (2-6)$$

式中比例常数 K 与物质之旋光能力、溶质性质、样品管长度、温度等有关。物质的旋光能力用比旋光度来度量，比旋光度可用下式表示：

$$[\alpha]_D^{20} = \frac{a \times 100}{lc} \qquad (2-7)$$

式中，20 为实验时温度20℃，D 是指所用钠光灯光源 D 线波长 589mm，α 为测得的旋光度，l 为样品管的长度（dm），c 为浓度（g/100ml）。

作为反应物的蔗糖是右旋性物质，其比旋光度 $[\alpha]_D^{20} = 66.6°$；生成物中葡萄糖也是右旋性物质，其比旋光度 $[\alpha]_D^{20} = 52.5°$，但果糖是左旋性物质，其比旋光度 $[\alpha]_D^{20} = -91.9°$。由于生成物中果糖的左旋性比葡萄糖右旋性大，所以生成物呈现左旋性质，因此，随反应的进行，系统的右旋角不断减小，反应至某一瞬间，系统的旋光度恰好等于零，而后就变成左旋，直至蔗糖完全转化，这时左旋角达到最大值 α_∞。

设最初系统的旋光度为 $\qquad \alpha_0 = K_反 c_A^0 \qquad (t = 0 \quad$ 蔗糖尚未转化$)$ (2-8)

最终系统的旋光度为 $\qquad \alpha_\infty = K_生 c_A^0 \qquad (t = \infty \quad$ 蔗糖已完全转化$)$ (2-9)

式（2-8）、式（2-9）中的 $K_反$，$K_生$ 分别为反应物与生成物的比例常数。当时间为 t 时，蔗糖的浓度为 c_A，此时旋光度 α_t 为：

$$\alpha_t = K_反 c_A + K_生(c_A^0 - c_A) \qquad (2-10)$$

由式（2-8）、式（2-9）、式（2-10）联立可解得：

$$c_A^0 = \frac{\alpha_0 - \alpha_\infty}{K_反 - K_生} = K'(\alpha_0 - \alpha_\infty) \qquad (2-11)$$

$$c_A = \frac{\alpha_t - \alpha_\infty}{K_反 - K_生} = K'(\alpha_t - \alpha_\infty) \qquad (2-12)$$

式（2-11）、式（2-12）代入式（2-4）可得到：

$$\lg(\alpha_t - \alpha_\infty) = \frac{-kt}{2.303} + \lg(\alpha_0 - \alpha_\infty) \qquad (2-13)$$

由式（2-13）可以看出，若以 $\lg(\alpha_t - \alpha_\infty)$ 对 t 作图为一直线，从直线的斜率可求得反应速率常数 k。

三、仪器与试剂

仪器：旋光仪 1 台（手动或自动旋光仪均可，旋光仪的原理与使用见第四章第一节）；超级恒温水浴 1 套（如需恒温）；25ml 移液管 1 支；150ml 锥形瓶 2 个；50ml 量筒 1 支。

试剂：蔗糖；2mol/L HCl 溶液（若室温在 15℃ 以下用 4mol/L）。

四、实验步骤

1. 用蒸馏水校正仪器的零点

蒸馏水为非旋光物质，可用以校正仪器的零点（即 $\alpha = 0$ 时仪器对应的刻度）。

（1）校正时，先洗净样品管，将管的一端加上盖子并拧紧，在管内灌满蒸馏水使液体形成一凸出液面，然后盖上玻璃片，再旋上套盖，勿使漏水，有气泡时应排在样品管凸肚处。

（2）用滤纸将样品管擦干，再用擦镜纸将样品管两端的玻璃片擦净，然后将它放入旋光仪内。

（3）打开旋光仪光源，调整目镜聚焦，使视野清楚，旋转检偏镜至观察到三分视野暗度相等为止。记下检偏镜之旋光角 α，重复测量数次取平均值，即为仪器零点。若使用 WZZ-2 自动旋光仪，只需将装好蒸馏水的旋光管放入旋光仪内，按动校正旋钮，仪器自动示零即可。

2. 蔗糖转化反应及反应过程旋光度的测定

（1）将恒温槽和旋光仪外面的恒温套箱调节到所需的反应温度。

（2）称取 6g 蔗糖于 150ml 锥形瓶中，加水 30ml。

（3）用量筒量取 2mol/L HCl 溶液 30ml，将此盐酸溶液迅速倾入蔗糖溶液中（当盐酸倒出一半时开始计时），摇匀后分成两份分装于两个 150ml 的锥形瓶中。

（4）迅速用其中一个锥形瓶中少量反应液荡洗样品管两次后，装满样品管，盖好盖子并擦净，立即放入旋光仪，测量各时间的旋光度。第 1 个数据要求离反应时间 1 ~ 2min，测量时将三分视野调节暗度相等后，先记录时间，再读取旋光度。反应开始的 30min 内每 5min 测量 1 次，以后间隔 10min 测量，连续测量 1h。

3. α_∞ 的测量

（1）在进行上述操作的空隙时间里，将另一个锥形瓶置于 50℃ ~ 60℃ 的水浴内加热 30min，使其快速反应。

（2）冷却至实验温度，测其旋光角即为 α_∞ 值。

［注意］水浴温度不可过高，否则将产生副反应，颜色变黄。同时要避免溶液蒸发影响浓度，可以在锥形瓶上加一回流管，以免造成 α_∞ 值的偏差。

实验结束后，必须洗净样品管，同时做好旋光仪的保洁。

五、数据处理

1. 将时间 t、旋光角 α_t 列表（表 2 – 1），取 8 个 α_t 数值，并算出相应的 $\alpha_t - \alpha_\infty$ 和 $\lg(\alpha_t - \alpha_\infty)$ 的数值。

表 2 – 1　不同时刻的旋光度数据

实验温度：＿＿＿＿＿＿＿＿＿　　$\alpha_\infty =$ ＿＿＿＿＿＿＿＿＿

t（min）	α_t	$\alpha_t - \alpha_\infty$	$\lg(\alpha_t - \alpha_\infty)$
2			
7			
12			
17			
22			
27			
37			
47			
57			
60			

2. 以 $\lg(\alpha_t - \alpha_\infty)$ 对 t 作图，由直线斜率求出反应速率常数 k，并计算反应的半衰期 $t_{1/2}$。

六、思考题

1. 实验中，用蒸馏水来校正旋光仪零点，问蔗糖水解过程所测的旋光度是否需要零点校正？为什么？

2. 在混合蔗糖溶液和盐酸溶液时，是将盐酸溶液加到蔗糖溶液里去，可否把蔗糖加到盐酸溶液中去？为什么？

七、预习要求

1. 旋光仪的使用方法。
2. 旋光仪的基本原理。

实验五　乙酸乙酯皂化反应速率常数的测定

一、实验目的

1. 了解二级反应的特点，学会测定乙酸乙酯皂化反应的速率常数和活化能。
2. 熟悉电导率仪的使用，了解一种测定化学反应速率常数的物理方法——电导法。

二、实验原理

乙酸乙酯的皂化反应是典型的二级反应，其反应式为：

$$CH_3COOC_2H_5 + Na^+ + OH^- \Longrightarrow CH_3COO^- + Na^+ + C_2H_5OH$$

其反应速率方程为：

$$\frac{dx}{dt} = k(a-x)(b-x) \tag{2-14}$$

式中，k 为反应的速率常数，a、b 分别表示两反应物的起始浓度，x 为在时间 t 时产物的浓度。当 $a=b$ 时，积分式（2-14）得：

$$k = \frac{1}{t} \cdot \frac{x}{a(a-x)} \tag{2-15}$$

由实验测得某温度下不同 t 时的 x 值，用 $\dfrac{x}{a-x}$ 对 t 作图，若为一直线，则证明是二级反应，并可以从直线的斜率求出 k 值。

测定不同 t 时的 x 值，可用化学分析法（如分析反应液中 OH^- 的浓度），但比较困难；本实验用物理法即电导法测定。因为实验中，乙酸乙酯和乙醇的电导率极小，它们的浓度变化对溶液电导率的影响可忽略；反应中 Na^+ 的浓度始终不变，对溶液的电导有固定的贡献；只有电导率大的 OH^- 逐渐被电导率较小的 CH_3COO^-（Ac^-）取代，因而溶液的电导率随反应的进行逐渐降低，最后趋于定值。

在稀溶液中，电导率与其浓度成正比，假设 OH^- 和 Ac^- 的电导率与浓度的比例系数分别为 A_1 和 A_2，反应开始、某时刻 t 和终了时溶液的电导率分别为 L_0、L_t 和 L_∞，则

$$L_0 = A_1 a \qquad\qquad L_\infty = A_2 a \qquad\qquad L_t = A_1(a-x) + A_2 x$$

解上述三式得

$$x = \left(\frac{L_0 - L_t}{L_0 - L_\infty} \right) a \tag{2-16}$$

将式（2-16）代入式（2-15）并整理得

$$L_t = \frac{1}{ka} \cdot \frac{L_0 - L_t}{t} + L_\infty \tag{2-17}$$

以 L_t 对 $\dfrac{L_0 - L_t}{t}$ 作图得一直线，求出直线的斜率即可求得反应速率常数 k 值。

根据同样方法，再测定另一个温度下的反应速率常数，由 Arrhenius 公式

$$\ln \frac{k_2}{k_1} = \frac{E}{R}\left(\frac{1}{T_1} - \frac{1}{T_2}\right) \qquad\qquad (2-18)$$

就可以求得反应的活化能 E。

三、仪器与试剂

仪器：DDB - 303A 型电导率仪 1 台（附 DJS - 1C 型铂黑电极 1 支）；恒温水浴 1 套；磁力搅拌器 1 台（附磁子 1 个）；秒表 1 个；注射器（1ml 或更小）1 支；100ml 锥形瓶 2 个；50ml 移液管 1 支。

试剂：乙酸乙酯；0.01mol/L NaOH 溶液。

四、实验步骤

1. L_0 的测定

（1）开启电导率仪预热 15min，在使用前校准（见第四章第七节）。

（2）在 1 个干洁的锥形瓶中放入 1 粒洁净的磁子，量入 100ml 0.01mol/L 的 NaOH 溶液，并将此瓶置于 25℃ 水浴中恒温 10min。

（3）插入干净的电极并接通电导率仪，测定 NaOH 溶液的 L_0 值 3 次（每隔 2min 读 1 次，3 次读数相同为恒温），然后将 3 次 L_0 的平均值记录于表 2 - 2。

2. L_t 的测定

（1）计算配制 100ml 0.01mol/L 乙酸乙酯的用量（25℃ ~ 30℃ 时约需 0.1ml。因为乙酸乙酯的密度 d 与温度 $t(℃)$ 的关系为：$d = 0.9245 - 1.17 \times 10^{-3}t - 1.95 \times 10^{-6}t^2$）。

（2）取出恒温槽中 NaOH 溶液的锥形瓶，擦干外壁水珠后放在磁力搅拌器上，用注射器量取乙酸乙酯。在搅拌的情况下，迅速注入乙酸乙酯，同时按下秒表作为反应开始，搅拌 1min 后，将反应液放回恒温槽内继续恒温，插入干洁的电极并接通电导率仪。

（3）在距离反应开始第 5、10、15、20、25、30、40、50、60min 时各测定一次 L_t，记录于表 2 - 2。

（4）L_t 测定完毕，取出电极、磁子清洗干净并按指定放好，洗干净锥形瓶，关电源。

3. 反应活化能的测定（选做）

若时间允许，改变水浴温度，按上述实验步骤 1、2 测定 30℃ 时的 L_0 和 L_t。

五、数据处理

1. 数据记录

不同时刻的电导率数据记录于表 2 - 2 中。

表 2 - 2　不同时刻的电导率数据

$T =$ ＿＿＿＿℃，电导池常数 = ＿＿＿＿，$a =$ ＿＿＿＿ mol/L，$L_0 =$ ＿＿＿＿ S/m.

时间 t（min）	
L_t（S/m）	
$(L_0 - L_t)/t$	

2. 数据处理（作图）

以 L_t 对 $(L_0 - L_t)/t$ 作图，求出直线的斜率，并算出反应速率常数 k 值。

3. 计算反应活化能

同上 1、2，求出 30℃ 的速率常数 k 值，算出反应的活化能 E。

六、思考题

1. 本实验为什么在恒温下进行?
2. 被测溶液的电导率与哪些离子的浓度有关? 反应进程中溶液的电导率如何变化?
3. 如果乙酸乙酯和 NaOH 的起始浓度不相等，应怎样计算反应速率常数 k 值?

七、预习要求

1. 电导率仪的使用方法。
2. 二级反应的概念。

实验六　最大气泡法测定溶液的表面张力

一、实验目的

1. 测定不同浓度乙醇水溶液的表面张力，计算表面吸附量和溶质分子的横截面积。
2. 了解表面张力的性质、比表面吉布斯自由能的意义以及表面张力和吸附的关系。
3. 掌握用最大气泡法测定表面张力的原理和技术。

二、实验原理

1. 比表面吉布斯自由能

从热力学观点看，液体表面缩小是一个自发过程，这是使系统总的比表面吉布斯自由能减小的过程。如欲使液体产生新的表面 ΔA，则需要对其作功。功的大小应与 ΔA 成正比:

$$W = \sigma \Delta A \qquad (2-19)$$

式中，σ 为液体的比表面吉布斯自由能，亦称表面张力。它表示了液体表面自动缩小趋势的大小，其数值与液体的成分、溶质的浓度、温度及表面气氛等因素有关。

2. 溶液的表面吸附

一定温度下，纯物质降低比表面吉布斯自由能的惟一途径是尽可能缩小其表面积。对于溶液，则可以通过溶质自动调节其表面层的浓度来改变它的比表面吉布斯自由能。

根据能量最低原则，当溶质能降低溶剂的表面张力时，表面层溶质的浓度比溶液内部大;反之，若溶质的加入使溶剂的表面张力升高时，表面层中的浓度比内部的浓度低。这种表面浓度与溶液内部浓度不同的现象叫做溶液的表面吸附。显然，在指定的温度和压力下，溶质的吸附量与溶液的表面张力及溶液的浓度有关，从热力学方法可知它们之间的关系遵守吉布斯（Gibbs）吸附方程:

$$\Gamma = -\frac{c}{RT}\left(\frac{d\sigma}{dc}\right)_T \qquad (2-20)$$

式中，Γ 为表面吸附量（mol/m^2），T 为热力学温度（K），c 为稀溶液浓度（mol/L）；R 为气体常数。

若 $\left(\dfrac{\mathrm{d}\sigma}{\mathrm{d}c}\right)_T < 0$，$\Gamma > 0$，称为正吸附；若 $\left(\dfrac{\mathrm{d}\sigma}{\mathrm{d}c}\right)_T > 0$，则 $\Gamma < 0$，称为负吸附。

本实验研究正吸附情况。

有一类物质，溶入溶剂后，能使溶剂的表面张力降低，这类物质被称为表面活性物质。表面活性物质具有显著的不对称结构，它们是由亲水的极性基团和憎水的非极性基团构成的。对于有机化合物来说，表面活性物质的极性部分一般为—NH$_3^+$，—OH，—SH，—COOH，—SO$_3$H 等。乙醇就属于这样的化合物。它们在水溶液表面排列的情况随其浓度不同而异。如图 2-3 所示，浓度很小时，分子可以平躺在表面上；浓度增大时，分子的极性基团取向溶液内部，而非极性基团基本上取向空间；当浓度增至一定程度，溶质分子占据了所有表面，就形成饱和吸附层。

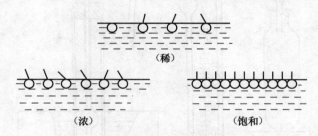

（稀）

（浓）　　　　　（饱和）

图 2-3　表面活性物质的表面吸附情况

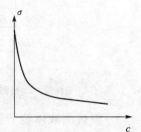

以表面张力对浓度作图，可得到 $\sigma-c$ 曲线，如图 2-4 所示。从图中可以看出，在开始时 σ 随浓度增加而迅速下降，以后的变化比较缓慢。

在 $\sigma-c$ 曲线上任选一点 i 作切线，即可得该点所对应浓度 c_i 的斜率 $\left(\dfrac{\mathrm{d}\sigma}{\mathrm{d}c}\right)_T$，再由式（2-20），可求得不同浓度下的 Γ 值。

图 2-4　表面张力与浓度的关系

3. 饱和吸附与溶质分子的横截面积

吸附量 Γ 与浓度 c 之间的关系，可用朗格缪尔（Langmuir）吸附等温式表示：

$$\Gamma = \Gamma_\infty \frac{Kc}{1+Kc} \tag{2-21}$$

式中，Γ_∞ 为饱和吸附量，K 为常数。

将上式取倒数可得：

$$\frac{c}{\Gamma} = \frac{c}{\Gamma_\infty} + \frac{1}{\Gamma_\infty K} \tag{2-22}$$

作 $\dfrac{c}{\Gamma}-c$ 图，直线斜率的倒数即为 Γ_∞。

如果以 N 代表 1m^2 表面上溶质的分子数，则有：

$$N = \Gamma_\infty N_A \tag{2-23}$$

式中，N_A 为阿佛加德罗常数，由此可得每个溶质分子在表面上所占据的横截面积：

$$S = \frac{1}{\Gamma_\infty N_A} \qquad (2-24)$$

因此，若测得不同浓度的溶液的表面张力，从 $\sigma - c$ 曲线上求出不同浓度的吸附量 Γ，再从 $\frac{c}{\Gamma} - c$ 直线上求出 Γ_∞，便可计算出溶质分子的横截面积 S。

4. 最大气泡法测定表面张力

测定表面张力的方法很多。本实验用最大气泡法测定乙醇水溶液的表面张力，其实验装置和原理如图 2-5 所示。

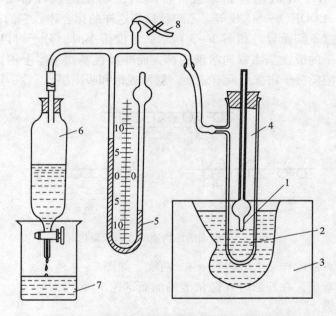

图 2-5　最大气泡法测定溶液表面张力装置图

1. 毛细管　2. 待测液　3. 恒温水浴　4. 测定管　5. U 型压力计　6. 滴水瓶　7. 烧杯　8. 夹子

将被测液体装于测定管中，摇匀溶液并取出几滴准备测定其折光率，再使玻璃管下端毛细管端面与液面正好相切。打开抽气瓶的活塞缓缓放水抽气，测定管中的压力 p 逐渐减小，毛细管外压力 p_0 就会将管中液面压至管口，且逐渐形成气泡，直至气泡将要破裂，根据拉普拉斯（Laplace）公式，这时气泡能承受的压力差也最大：

$$\Delta p_{max} = \Delta p_r = p_0 - p_r = \frac{2\sigma}{r} \qquad (2-25)$$

最大压力差可用 U 型压力计中最大液柱差 Δh 来表示：

$$\Delta p_{max} = \rho g \Delta h \qquad (2-26)$$

式中 ρ 为压力计中液体介质的密度。由式（2-25）和式（2-26）得：

$$\sigma = \frac{r}{2} \rho g \Delta h = K' \Delta h \qquad (2-27)$$

K' 为仪器常数，可以用已知表面张力的物质测定，如水。

三、仪器与试剂

仪器：表面张力测定装置 1 套；恒温水浴 1 套；阿贝折光仪 1 台；洗耳球 1 个；

200mL 烧杯 1 个。

试剂：乙醇（或正丁醇）。

四、实验步骤

1. 按表 2-3 配制系列溶液（浓度是粗略的，由实验室预先准备好）。

2. 调节恒温槽温度为 25℃。在洗净的测定管中注入蒸馏水，使液面刚好与毛细管口相切，置于恒温水浴内恒温 5min 左右，注意使毛细管保持垂直，按图 2-5 接好系统。慢慢打开抽气瓶活塞，进行测定。注意气泡形成的速率应保持稳定，通常以每分钟 8~12 个气泡为宜。记录 U 型压力计两边最高和最低读数各 3 次，求出平均 $\Delta h_{水}$。

[注意] 毛细管在使用前用铬酸洗液浸泡后清洗干净，毛细管若不干净出现的气泡不均匀。

3. 测定乙醇溶液的表面张力 取一定浓度的乙醇溶液于测定管中，摇匀，尤其是毛细管部分，确保毛细管内、外溶液的浓度一致（另外用一滴管取出几滴同时测量其折光率）。待温度恒定后，按上述蒸馏水项操作，测定其 $\Delta h_{液}$，测量次序是由稀到浓依次进行，并记录各溶液的 $\Delta h_{液}$。

4. 乙醇系列溶液的折光率测定 每次测定溶液 $\Delta h_{液}$ 的同时，用该溶液的摇匀取出液，在阿贝折光仪中测量折光率（图 2-6），并记录。

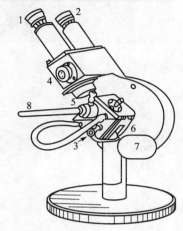

图 2-6 阿贝折光仪的构造
1. 目镜 2. 放大镜 3. 恒温水接头 4. 消色补偿器 5，6. 棱镜 7. 反射镜 8. 温度计

五、数据处理

1. 因折光率未必是在 20℃ 测定的，需对每个折光率进行温度（20℃）校正，然后由实验室提供的浓度－折光率工作曲线查出各溶液的准确浓度。校正方法可参见第四章第六节折射率的测定。

2. 根据 $\sigma_{液} = K'\Delta h = \sigma_{水}\dfrac{\Delta h_{液}}{\Delta h_{水}}$ 计算各溶液的表面张力 σ 值填入表 2-3 中。

3. 作 $\sigma - c$ 图，以表面张力为纵坐标，以真实乙醇百分浓度为横坐标。

4. 在 $\sigma - c$ 图的曲线上读出浓度为 5%、10%、15%……10 个点的表面张力，分别作出切线，并求得对应的斜率 $\left(\dfrac{d\sigma}{dc}\right)_T$；或以各点表面张力列表，并求得每相隔 5% 两点之间的 $\Delta\sigma$ 值，并算出各间隔的 $\dfrac{\Delta\sigma}{\Delta c}$，作 $\dfrac{\Delta\sigma}{\Delta c} - c$ 的台阶图，如图 2-7，根据此图形状，绘出近似的光滑曲线 $\left(\dfrac{d\sigma}{dc}\right)_T - c$，再从图上读出

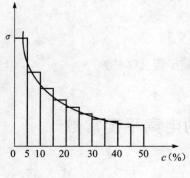

图 2-7 $\left(\dfrac{d\sigma}{dc}\right)_T - c$ 图

5%、10%、15%……各浓度时的$\left(\dfrac{\mathrm{d}\sigma}{\mathrm{d}c}\right)_T$。

5. 根据方程式（2-20）求算各浓度的吸附量Γ，并作出$\dfrac{c}{\Gamma}-c$图，由直线斜率求其Γ_∞，并计算S值。

表 2-3 最大气泡法实验数据

大气压：_____ Pa；室温：_____ ℃

浓度（%）	折光率 n	校正值 n'	校正浓度（%）	Δh 1	2	3	均值	σ	$-\dfrac{\Delta\sigma}{\Delta c}$	$-\dfrac{\mathrm{d}\sigma}{\mathrm{d}c}$	Γ	$\dfrac{c}{\Gamma}$
0												
5												
10												
15												
20												
25												
30												
35												
40												
45												
50												
55												
60												
65												
80												

六、思考题

1. 在测量中，如果抽气速率过快，对测量结果有何影响？
2. 如果毛细管末端插入到溶液内部进行测量行吗？为什么？
3. 本实验中为什么要读取最大压力差？
4. 表面张力仪的清洁与否和温度的不恒定对测量数据有何影响？

七、预习要求

1. 什么是表面张力？
2. 表面张力大小受什么因素的影响？
3. 要做好最大气泡法测定溶液的表面张力实验的关键步骤有哪些？

实验七　电导法测定弱电解质的电离平衡常数

一、实验目的

1. 测定乙酸的电离常数。

2. 掌握测定溶液电导的实验方法。

二、实验原理

乙酸在水溶液中电离，呈下列平衡：

$$HAc \rightleftharpoons H^+ + Ac^-$$
$$c(1-\alpha) \qquad c\alpha \qquad c\alpha$$

式中，c 为乙酸的浓度（mol/L），α 为电离度，其标准平衡常数 $K_a^{\ominus}$ 为：

$$K_a^{\ominus} = \frac{\alpha^2 c}{(1-\alpha)c^{\ominus}} \tag{2-28}$$

在一定得温度下 $K_a^{\ominus}$ 为一常数，因此可以通过测定不同浓度下的电离度，由式（2-28）就可计算出 $K_a^{\ominus}$ 值。

乙酸溶液的电离度可用电导法测定。电导的物理意义是：当导体两端的电位差为 1V 时所通过的电流强度，即电导 $=\dfrac{电流强度}{电位差}$，因此，电导是电阻的倒数。当电极面积为 $1m^2$，两相间的距离为 $1m$ 时，这时的电导称为电导率。电解质溶液的电导率不仅与温度有关，还与溶液的浓度有关，因此通常用摩尔电导率这个量来衡量电解质溶液的导电本领。摩尔电导率的定义为：相距 $1m$ 的两平行电极之间，含有 $1mol$ 电解质溶液所测得的电导率为摩尔电导率。对于弱电解质，其电导除与电解质的量有关外，还与电解质的电离度有关。根据电解质溶液理论，弱电解质的电离度 α 随溶液的稀释而增加，当溶液无限稀释时则弱电解质完全电离，即 $\alpha \rightarrow 1$。在一定的温度下溶液的摩尔电导率与离子的真实浓度成正比，因此也与电离度成正比，所以弱电解质的电离度 α 应等于溶液在浓度为 c 时的摩尔电导率 Λ_m 和溶液在无限稀释时的摩尔电导率 Λ_m^{∞} 之比，即：

$$\alpha = \frac{\Lambda_m}{\Lambda_m^{\infty}} \tag{2-29}$$

将式（2-29）代入式（2-28），得

$$K_a^{\ominus} = \frac{\Lambda_m^2 c}{\Lambda_m^{\infty}(\Lambda_m^{\infty} - \Lambda_m)c^{\ominus}} \tag{2-30}$$

式中 Λ_m^{∞} 可根据科尔劳施定律，由离子的无限稀释摩尔电导率计算得到，如 25℃时：

$$\Lambda_m^{\infty}(HAc) = \Lambda_m^{\infty}(H^+) + \Lambda_m^{\infty}(Ac^-)$$
$$= (349.8 + 40.9) \times 10^{-4} = 390.7 \times 10^{-4} S \cdot m^2/mol$$

而 Λ_m 可由下式求出

$$\Lambda_m = \frac{\kappa}{c'} \tag{2-31}$$

式中，c' 为溶液的浓度（mol/L）；κ 为该浓度时电解质溶液的电导率（S/m）；Λ_m 单位为（$S \cdot m^2/mol$）。

只要测得电导率 κ 之后，就可以求得 Λ_m 和 $K_a^{\ominus}$。

将电解质溶液放入两平行电极之间，若两电极的面积均为 A，距离为 l，这时中间溶液的电导

$$L = \kappa \frac{A}{l} = \frac{\kappa}{K} \qquad\qquad (2-32)$$

$K = \dfrac{l}{A}$，对于一定的电导池为一常数，称电导池常数（m^{-1}）。

三、仪器与试剂

仪器：DDS - 11A 型电导率仪 1 台；恒温水浴 1 套；容量瓶 100ml 1 个；50ml 4 个；25ml 移液管 3 支；100ml 烧杯 3 个。

试剂：0.01mol/L KCl 溶液；0.1mol/L HAc 溶液。

四、实验步骤

1. 调节恒温水浴温度为 25℃ ± 0.01℃。

2. 在容量瓶中配制浓度为 0.1mol/L 乙酸溶液的 1/4、1/8、1/16、1/32 溶液各 50ml，并置于水浴中恒温。

3. 调好电导率仪。

4. 用重蒸水充分洗涤电导池和电极，并用少量 0.01mol/L KCl 溶液洗几次，将已恒温约 10min 后的 0.01mol/L KCl 标准溶液注入电导池，使液面超过电极铂黑 1～2cm，测量电极常数。

五、注意事项

1. HAc 溶液浓度一定要配制准确。

2. 使用铂电极不能碰撞，不要直接冲洗铂黑，不用时应浸在蒸馏水中。

3. 盛被测液的容器必须清洁，无其他电解质沾污。

六、数据处理

将实验所测数据记录并进行处理，结果填入表 2 - 4。

表 2 - 4　电导法测定 HAc 的电导率和 $K_a^{\ominus}$

实验温度＿＿＿＿＿℃，电极常数＿＿＿＿＿cm^{-1}

乙酸浓度（mol/L）	电导率 κ（S/m）	摩尔电导率 Λ_m（S·m²/mol）	电离度 α	电离平衡常数 $K_a^{\ominus}$	平均 $K_a^{\ominus}$

七、思考题

1. 水的纯度对测定有何影响？

2. 强电解质是否可用此法求出电离常数？

八、预习要求

电导率仪的原理和使用方法。

实验八 三组分液－液系统相图的绘制

方法一 乙酸－苯－水三液系统的相图绘制

（一）实验目的

1. 学习绘制有 1 对共轭溶液的三组分平衡相图（溶解度曲线和连结线）。
2. 掌握相律及用等边三角形坐标表示三组分相图的方法。

（二）实验原理

用等边三角形坐标法作三元相图，是将等边三角形的 3 个顶点各代表一种纯组分，三角形三条边 AB、BC、CA 分别代表 A 和 B、B 和 C、C 和 A 所组成的二组分系统，而三角形内任何一点表示三组分的组成（图 2 – 8）。图中 O 点的组成按下面方法确定为：将三角形每条边 100 等分，代表 100%，过 O 点作平行于各边的直线，并交于 a、b、c 三点，则 $Oa + Ob + Oc = cc' + Bc + c'C = BC = CA = AB$，故 O 点的 A、B、C 组成分别为 $A\% = Ca$，$B\% = Ab$，$C\% = Bc$。

在乙酸（A）－苯（B）－水（C）三组分系统中，乙酸和苯、乙酸和水完全互溶，而苯和水则不溶或部分互溶（图 2 – 9）。图中 EOF 是溶解度曲线，该线上面是单相区，下面是共轭两相区，e_1f_1、e_2f_2 等称为结线。当物系点从两相区转移到单相区，在通过相分界线 EOF 时，系统将从浑浊变为澄清；而从单相区变到两相区通过 EOF 线时，系统则从澄清变为浑浊。因此，根据系统澄明度的变化，可以测定出 EOF 曲线，绘出相图。例如，当物系点为 D 时，系统中只含苯和水两种组分，此时系统为浑浊的两相，用乙酸滴定，则物系点沿 DA 线变化，B 和 C 的相互溶解度增大，当物系点变化到 O 点，系统变为澄清的单相，从而确定了 1 个终点 O；继续加入一定量的水，系统又变为浑浊的两相，然后再用乙酸滴定，当系统出现澄清时又会得到另一个终点。如此反复，即可得到一系列滴定终点。但该方法由浑变清时终点不明显。为此本实验使用下列方法。

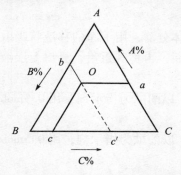

图 2 – 8 等边三角形表示三组分组成

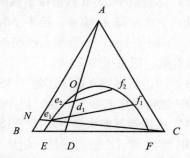

图 2 – 9 一对部分互溶的三组分相图

实验时，预先混合互溶的 A、B 溶液，其组成用 N 表示，在此透明的 A 和 B 溶液中滴入 C，则系统组成沿 NC 线移动，到 e_1 点时系统由清变浑得到 1 个终点，e_1 的组成可根据 A、B、C 的用量算出；然后加入一定量的乙酸（A）使溶液澄清，再用 C 滴定至浑，如此可得到一系列不同组成的终点 e_1、e_2、O、f_2、f_1 等，连接这些终点即可画出溶解度曲线。

测定结线时，在两相区配制混合液（如 d_1），达平衡时二相的组成一定，只需分析每相中 1 个组分的含量，在溶解度曲线上就可找出每相的组成点（如 e_1 和 f_1），其连线即为结线。

（三）仪器与试剂

仪器：具塞锥形瓶 100ml 2 个、25ml 2 个；锥形瓶（150ml）2 个；酸式和碱式滴定管（50ml）各 1 支；移液管 2ml 和 1ml 各 1 支；公共移液管 10ml 和 1ml 各 1 支。

试剂：无水苯；冰乙酸；0.5mol/L 标准 NaOH 溶液；酚酞指示剂。

本实验所用的冰乙酸可以用无水乙醇代替。

（四）实验步骤

1. 溶解度曲线的测定

（1）在干净的酸式滴定管内装乙酸，碱式滴定管装蒸馏水。

（2）取 1 个干燥而洁净的 100ml 具塞锥形瓶，用公共移液管量入 10ml 苯，用滴定管加入 4ml 乙酸，然后边振荡边慢慢滴入蒸馏水，溶液由清变浑即为终点，记下水的体积 V_1。

（3）再向此瓶加入 5ml 乙酸，系统又成均相，继续用水滴定至终点，记下水的体积 V_2。

（4）随后依次加 8ml、8ml 乙酸，分别用水滴定至终点，记下水的体积 V_3、V_4。将各组分的用量记录于表 2-5。

（5）最后再加入 10ml 苯配制共轭系统 d_1，盖上塞子并每隔 5min 摇动一次，半小时后用此溶液测结线 e_1f_1。

（6）另取 1 个干净的 100ml 具塞锥形瓶，加入 1ml 苯和 2ml 乙酸，用蒸馏水滴至终点，记下水的体积 V_5；同法依次加入 1ml、1ml、1ml、1ml、2ml 乙酸，分别用水滴定至终点，记下水的体积 V_6、V_7、V_8、V_9、V_{10}，将各组分用量记录于表 2-5。

2. 结线的测定

（1）称量两个 25ml 具塞锥形瓶的重量。

（2）上面所得 d_1 溶液，经半小时后，待二层液体分清，用干净的移液管吸取上层液 2ml，下层液 1ml，分别装入已经称重的具塞锥形瓶，再称其重量，算出上层液和下层液的重量，记录于表 2-6。

（3）用适量蒸馏水洗上层液于 150ml 锥形瓶中，以酚酞为指示剂，用 0.5mol/L 标准 NaOH 溶液滴定乙酸的含量，记录于表 2-6。

（4）用适量蒸馏水洗下层液于 150ml 锥形瓶中，以酚酞为指示剂，用 0.5mol/L 标准 NaOH 溶液滴定乙酸的含量，记录于表 2-6。

（五）数据处理

1. 数据记录

将终点时溶液中各组分的实际体积及由手册查出实验温度时三种液体的密度（常温下 $\rho_{\text{乙酸}} = 1.05\text{g/ml}$、$\rho_{\text{C}_6\text{H}_6} = 0.88\text{g/ml}$、$\rho_{\text{H}_2\text{O}} = 1.0\text{g/ml}$），算出各组分的重量百分含量，查出苯与水的相互溶解度 E、F，记入表 2 - 5，而结线的测量数据则记入表 2 - 6。

表 2 - 5　溶解度曲线的测定

实验室温：_____℃；大气压：_____Pa

密度：$\rho_{\text{乙酸}} =$ _____，$\rho_{\text{C}_6\text{H}_6} =$ _____，$\rho_{\text{H}_2\text{O}} =$ _____

编号	乙酸 V (ml)	乙酸 m (g)	苯 V (ml)	苯 m (g)	水 V (ml)	水 m (g)	总重量 (g)	重量百分含量 乙酸	重量百分含量 苯	重量百分含量 水
1	4.00		10.00							
2	9.00		10.00							
3	17.00		10.00							
4	25.00		10.00							
5	2.00		1.00							
6	3.00		1.00							
7	4.00		1.00							
8	5.00		1.00							
9	6.00		1.00							
10	8.00		1.00							
E										
F										
d_1	25.00		20.00							

2. 作图

（1）根据表 2 - 5 的 1 ~ 10 号数据，在等边三角形坐标纸上，平滑地作出溶解度曲线，并延长至 E 点和 F 点（近乎直线）。

（2）在溶解度图上作出相应的 d_1 点；在溶解度曲线上，由表 2 - 6 将上层的乙酸含量描在含苯较多的一边，下层描在含水量较多的一边，作出 d_1 的结线 e_1f_1，它应通过 d_1 点。

表 2 - 6　结线的测定

NaOH 浓度：_____ mol/L

		液体重（g）	NaOH（ml）	含乙酸重（g）	乙酸（%）
d_1	上层				
	下层				

（六）思考题

1. 滴定过程中，若某次滴水量超过终点而读数不准，是否要立刻倒掉溶液重新做实验？

2. 测定结线时，吸取下层溶液应如何插入移液管才能避免上层溶液进入沾污？

3. 如果结线 e_1f_1 不通过物系点 d_1，其原因可能有哪些？

4. 如何确定等边三角形坐标的顶点，线上的点、面上的点分别代表几组分的组成？

（七）预习要求

1. 三组分系统坐标表示方法。

2. 相律的应用。

方法二 水杨酸甲酯－异丙醇－水三液系统的相图绘制

实验目的及原理与方法一相同。仅是实验更换试剂，改为异丙醇（A）－水杨酸甲酯（B）－水（C）三组分系统，同样也是由浑变清时终点不明显，要用由清变浑的滴定终点方法。即预先混合互溶的 A、B 溶液，用 C 滴定，具体实验步骤如下。

1. 按表 2－7 所示的数值，分别精密吸取一定体积的水杨酸甲酯，置于锥形瓶中。在两支滴定管中分别加入异丙醇和蒸馏水，记下刻度，按表中的配方在水杨酸甲酯中滴加异丙醇。

2. 向该混合液体中小心地滴加蒸馏水，每加一滴充分摇匀后，方可加入下一滴，直至液体刚刚由清变浊。记下此时蒸馏水的体积。

3. 将 $\rho_{H_2O} = 1.0 g/ml$，$\rho_{异丙醇} = 0.8 g/ml$，$\rho_{水杨酸甲酯} = 1.2 g/ml$ 代入计算，绘制相图算出混合液的总重量以及各组分的百分含量，根据百分比在三组分相图中画出各点的位置，连接各点使之成为光滑的曲线。使用的数据如表 2－7。

表 2－7 水杨酸甲酯－异丙醇－水三组分溶解度曲线测试数据（25℃）

	水杨酸甲酯		异丙醇		蒸馏水		总重量	重量百分率		
	体积（ml）	重量（g）	体积（ml）	重量（g）	体积（ml）	重量（g）	（g）	水杨酸酸甲酯	异丙醇	水
1	0.2		1.8							
2	0.6		5.4							
3	1.0		7.4							
4	2.0		9.0							
5	6.2		10.8							
6	9.0		9.2							
7	12.2		7.4							
8	14.2		5.6							
9	16.0		4.6							

根据各物质的质量百分比，用 Origin 软件处理，进行三组分相图绘制。将各点连成平滑曲线，即溶解度曲线（图 2－10），同时用虚线将曲线外延到三角形的两个顶点（因为水与水杨酸甲酯在室温下可以认为不互溶），得到 1 个近似帽形的曲线 de。

该方法结果分析：

（1）实验结果表明，水杨酸甲酯－异丙醇－水三组分液－液系统的实验设计滴定终点清晰，现象明显，比较适合三组分相图的实验教学。

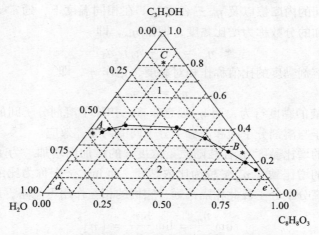

图 2 – 10 水杨酸甲酯 – 异丙醇 – 水三组分溶解度曲线

（2）水杨酸甲酯 – 异丙醇 – 水三组分液 – 液系统所用原料既安全无毒，又结合了药学专业的学科内容。如在配置药用挥发油制剂时，根据三元相图（如图 2 – 10 所示）可对处方选择提供指导。对图 2 – 10 中 A、B 和 C 三点而言，A 点处方中体系的水分含量多，易受水分的影响而导致制剂出现浑浊，不宜作为处方点；B 点处方中体系的挥发油含量较高，体系均一，且不易受水分的影响，在实际应用中易于制备成稳定的药用挥发油制剂，比较适合作为处方点；而 C 点醇含量相对较高，载药量较低，不易用作处方。

实验九　黏度法测定高分子摩尔质量

方法一　用乌氏黏度计测定

（一）实验目的

1. 掌握用毛细管黏度计测定高分子溶液黏度的原理和方法。
2. 测定聚乙烯醇（聚乙二醇）的黏均摩尔质量。

（二）实验原理

摩尔质量是表征高分子性质的重要参数之一，但高分子几乎都是由大小不等的一系列分子所组成，所以高分子的摩尔质量是一个统计平均值。根据测量方法不同可以获得高分子的重均摩尔质量、数均摩尔质量等，用黏度法测得的是黏均摩尔质量，适用于摩尔质量范围为 $10^4 \sim 10^6$。

黏度是指液体流动时所表现的阻力，反映相邻液体层之间相对移动时的一种内摩擦力。液体在流动过程中，必须克服内摩擦阻力而作功。其所受阻力的大小可用黏度系数 η（简称黏度）来表示。

高分子溶液的特点是黏度特别大，原因在于其分子链长度远大于溶剂分子，加上溶剂化作用，使其在流动时受到较大的内摩擦阻力。

高分子稀溶液的黏度是液体流动时内摩擦力大小的反映。纯溶剂黏度反映了溶剂分子间的内摩擦力，记作 η_0，高分子溶液的黏度则是高分子分子间的内摩擦、高分子分子与溶剂分子间的内摩擦以及 η_0 三者之和。在相同温度下，通常 $\eta > \eta_0$，相对于溶剂，溶液黏度增加的分数称为增比黏度，记作 η_{sp}，即

$$\eta_{sp} = (\eta - \eta_0)/\eta_0 \tag{2-33}$$

而溶液黏度与纯溶剂黏度的比值称作相对黏度，记作 η_r，即

$$\eta_r = \eta/\eta_0 \tag{2-34}$$

η_r 反映的也是溶液的黏度行为，而 η_{sp} 则意味着已扣除了溶剂分子间的内摩擦效应，仅反映了高分子分子与溶剂分子间和高分子分子间的内摩擦效应。

高分子溶液的增比黏度 η_{sp} 往往随质量浓度 c 的增加而增加。为了便于比较，将单位浓度下所显示的增比黏度 η_{sp}/c 称为比浓黏度，而 $\ln\eta_r/c$ 则称为比浓对数黏度。当溶液无限稀释时，高分子分子彼此相隔甚远，它们的相互作用可忽略，此时有关系式

$$\lim_{c \to 0} \frac{\eta_{sp}}{c} = \lim_{c \to 0} \frac{\ln\eta_r}{c} = [\eta] \tag{2-35}$$

$[\eta]$ 称为特性黏度，它反映的是无限稀释溶液中高分子分子与溶剂分子间的内摩擦，其值取决于溶剂的性质及高分子的大小和形态。由于 η_r 和 η_{sp} 均是无因次量，所以 $[\eta]$ 的单位是质量浓度 c 单位的倒数。

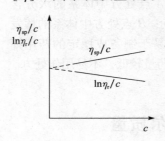

图 2-11　外推法求
特性黏度图

在足够稀的高分子溶液里，η_{sp}/c 与 c 和 $\ln\eta_r/c$ 与 c 之间分别符合下述经验关系式：

$$\eta_{sp}/c = [\eta] + \kappa[\eta]^2 c \tag{2-36}$$

$$\ln\eta_r/c = [\eta] - \beta[\eta]^2 c \tag{2-37}$$

上两式中 κ 和 β 分别称为 Huggins 和 Kramer 常数。这是两直线方程，通过 η_{sp}/c 对 c 或 $\ln\eta_r/c$ 对 c 作图，外推至 $c=0$ 时所得截距即为 $[\eta]$。显然，对于同一高分子，由两线性方程作图外推所得截距交于同一点，如图 2-11 所示。

高分子溶液的特性黏度 $[\eta]$ 与高分子摩尔质量之间的关系，通常用带有两个参数的 Mark-Houwink 经验方程式来表示：

$$[\eta] = K\overline{M}_\eta^\alpha \tag{2-38}$$

式中，$\overline{M}_\eta$ 是黏均摩尔质量，K、α 是与温度、高分子及溶剂的性质有关的常数，只能通过一些绝对实验方法（如膜渗透压法、光散射法等）确定，聚乙烯醇水溶液在 25℃ 时 $K = 2 \times 10^{-2}$，$\alpha = 0.76$；在 30℃ 时 $K = 6.66 \times 10^{-2}$，$\alpha = 0.64$。

本实验采用毛细管法测定黏度，通过测定一定体积的液体流经一定长度和半径的毛细管所需时间而获得。当液体在重力作用下流经毛细管时，其遵守 Poiseuille 定律：

$$\frac{\eta}{\rho} = \frac{\pi h g r^4 t}{8LV} - m\frac{V}{8\pi Lt} \tag{2-39}$$

式中，η 为液体的黏度 [kg/(m·s)]；ρ 是液体密度，g 重力加速率；h 流经毛细管液体的平均液柱高度；r 为毛细管的半径；V 为流经毛细管的液体体积；t 为 V 体积液体的流出时间；L 为毛细管的长度；m 为毛细管末端校正的参数（一般在 $r/L \ll 1$ 时，可以取 $m=1$）。

上式等号右边第二项为动能校正项。用同一黏度计在相同条件下测定两个液体的黏度时，上式可写成：

$$\frac{\eta}{\rho} = At - \frac{B}{t} \qquad (2-40)$$

式中，$B < 1$，当流出的时间 t 在 2min 左右（大于 100s），该项可以忽略。又因通常测定是在稀溶液中进行（$c < 10kg/m^3$），所以溶液的密度和溶剂的密度近似相等，因此可将 η_r 写成：

$$\eta_r = \frac{\eta}{\eta_0} = \frac{t}{t_0} \qquad (2-41)$$

所以只需测定溶液和溶剂在毛细管中的流出时间就可得到 η_r。

（三）仪器与试剂

仪器：恒温水槽 1 套；乌氏黏度计 1 支；50ml 具塞锥形瓶 2 个；5ml 移液管 1 支；10ml 移液管 2 支；25ml 容量瓶 1 个；秒表（0.1s）1 个；洗耳球 1 个；细乳胶管 2 根；弹簧夹 2 个；恒温槽夹 3 个；吊锤 1 只。

试剂：聚乙烯醇；聚乙二醇。

（四）实验步骤

1. 将恒温水槽调至 25℃。

2. 溶液配制 准确称取聚乙烯醇 0.6g（称准至 0.001g）于 100ml 具塞锥形瓶中，加入约 60ml 蒸馏水溶解，因其不易溶解，可在 60℃ 水浴中加热数小时，待其颗粒膨胀后，放在电磁搅拌器上加热搅拌，加速其溶解，溶解后，小心转移至 100ml 容量瓶中，将容量瓶置入恒温水槽内，加蒸馏水稀释至刻度（或由教师准备）。如果用聚乙二醇，溶液浓度可以为 0.2% ~ 2%。

3. 测定溶剂流出时间 t_0 将黏度计（本实验使用的乌氏黏度计如图 2-12 所示）垂直夹在恒温水槽内，用吊锤检查是否垂直。将 20ml 纯溶剂自 A 管注入黏度计内，恒温数分钟，夹紧 C 管上连接的乳胶管，同时在连接 B 管的乳胶管上接洗耳球慢慢抽气，待液体升至 G 球的 1/2 左右即停止抽气，打开 C 管乳胶管上夹子使毛细管内液体同 D 球分开，用秒表测定液面在 a、b 两线间移动所需时间。重复测定 3 次，每次相差不超过 0.3s，取平均值。

4. 测定溶液流出时间 t 取出黏度计，倒出溶剂，用少量待测液润洗 3 次。用移液管吸取 15ml 已恒温的高分子溶液，同上法测定流经时间。再用移液管加入 5ml 已恒温的溶剂，用洗耳球从 C 管鼓气搅拌并将溶液慢慢地抽上流下数次使之混合均匀，再如上法测定流经时间 t。同样，依次再加入 5ml、10ml、20ml 溶剂，逐一测定溶液的流经时间。

实验结束后，将溶液倒入回收瓶内，用溶剂仔细冲洗黏度计 3 次，最后用溶剂浸泡，备下次用。

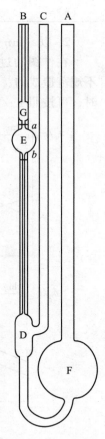

图 2-12 乌氏黏度计

（五）数据处理

1. 按表 2-8 记录并计算各种数据。

表 2-8 实验数据记录

编　号	1	2	3	4	5	6
溶液量（ml）						
溶剂量（ml）						
溶液浓度						
t_1						
t_2						
t_3						
t（平均）						
η_r						
η_{sp}						
$\ln\eta_r$						
$(\ln\eta_r)/c$						
η_{sp}/c						
$[\eta]=$		$M_\eta=$				

2. 以 $(\ln\eta_r)/c$ 及 η_{sp}/c 分别对 c 作图，作线性外推至 $c\rightarrow0$ 求 $[\eta]$。

在作图的过程中，结果常会出现如图 2-13 的异常图像，这并非完全是实验操作不规范造成的，与高聚物结构和形态及一些不太明确的原因有关。因此出现异常图像时，可按照 $\eta_{sp}/c-c$ 的直线来求 $[\eta]$ 值。

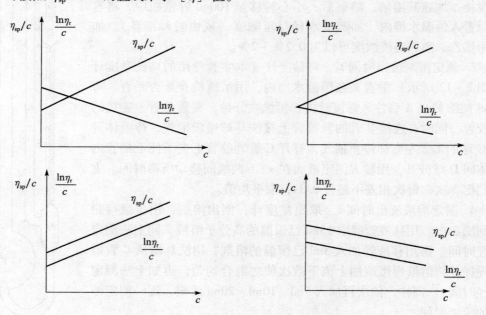

图 2-13　异常黏度

3. 取常数 K、α 值，计算出聚乙烯醇的黏均摩尔质量 $\overline{M_\eta}$。

（六）思考题

1. 乌氏黏度计中的支管 C 的作用是什么？能否去除 C 管改为双管黏度计使用？为什么？

2. 在测定流出时间时，C 管的夹子忘记打开了，所测的流出时间正确吗？为什么？

3. 黏度计为何必须垂直，为什么总体积对黏度测定没有影响？

（七）注意事项

1. 黏度计必须洁净，如毛细管壁上挂水珠，需用洗液浸泡。

2. 高分子在溶剂中溶解缓慢，配制溶液时必须保证其完全溶解，否则会影响溶液起始浓度，而导致结果偏低。

3. 溶剂和样品在恒温槽中恒温后方可测定。

4. 测定时黏度计要垂直放置，实验中不要振动黏度计，否则影响结果的准确性。

5. 测定过程中，液体样品中不可带入小气泡或灰尘颗粒，以防堵塞毛细管。

（八）预习要求

1. 黏度计的使用方法。

2. 高聚物的相对分子质量。

3. 在黏度法测定高聚物的相对分子质量实验中，如何准确测定液体流经毛细管的时间？

4. 在黏度法测定高聚物的相对分子质量实验中，如何保证溶液浓度的准确度？

方法二　用奥氏黏度计测定

实验目的、原理与使用用乌氏黏度计相同，仅是更换了奥氏黏度计。操作略有不同。

（一）仪器与试剂

仪器：恒温槽 1 套；奥氏黏度计 1 支（图 2 - 14）；50ml 具塞锥形瓶 2 个；2ml、5ml、10ml、25ml 吸量管各 1 支；50ml 小烧杯 5 个；秒表（0.1s）1 个；洗耳球 1 个；吊锤 1 个。

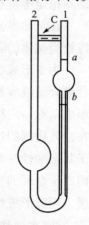

图 2 - 14　奥氏黏度计

试剂：6% 聚乙烯醇溶液 500ml。

（二）实验步骤

1. 将恒温水槽调至 25℃。

2. 待测溶液的配置：将 6% 的聚乙烯醇溶液记为 c_0，按 c_0 的 4/5、3/5、2/5、1/5 的浓度依次在 50ml 小烧杯中用蒸馏水稀释待用。

3. 溶剂体积的确定：将黏度计垂直夹在恒温槽内，用吊锤检查是否垂直。先取 10ml 纯溶剂自 2 管注入黏度计内，洗耳球从 1 管慢慢抽气，待液体升至 a 线以上即停止抽气。测液面在 a、b 两线间移动所需时间，可设定此时间在 $100 \sim 120$s 之间为宜，若太快，可增加溶剂体积；太慢，则减少溶剂体积。将此体积确定为 V_0。

4. 测定溶剂流出时间 t_0：准确移取溶剂体积为 V_0，置黏度计内，恒温数分钟，用秒表测定液面在 a、b 两线间移动所需时间，记为 t_0。重复测定 3 次，每次相差不超过 0.3s，取平均值。

5. 测定溶液流出时间 t：取出黏度计，倒出溶剂，用少量待测液润洗 3 次。用吸量管准确吸取 V_0 体积的待测溶液，恒温，测定流经 a、b 的时间。同样，依次逐一测定各浓度溶液的流经时间。

其他均同前乌氏黏度计。

实 验 十　乳状液的制备与性质

一、实验目的

1. 掌握乳状液的制备和鉴别方法。
2. 了解乳状液的性质。

二、实验原理

两种互不相溶的液体，在有乳化剂存在的条件下一起振荡时，一个液相会被粉碎成液滴分散在另一液相中形成稳定的乳状液。被粉碎成的液滴称为分散相，另一相称为分散介质。乳状液总有一个液相为水（或水溶液），简称为"水"相，另一相是不溶于水的有机物，简称为"油"。油分散在水中形成的乳状液，称水包油型（油/水型）。反之，称为油包水型（水/油型）。两种液体形成何种类型乳状液，这主要与形成乳状液时所添加的乳化剂性质有关。乳状液中分散相粒子的大小为 $1 \sim 50 \mu m$，用显微镜可以清楚地观察到，因此从粒子的大小看，应属于粗分散系统，但由于它具有多相和聚结不稳定等特点，所以也是胶体化学研究的对象。

在自然界，生产以及日常生活中均经常接触到乳状液，如从油井中喷出的原油，橡胶类植物的乳浆，常见的一些杀虫用乳剂、牛奶、人造黄油等。

为了形成稳定的乳状液所必须加入的第三组分通常称为乳化剂，其作用在于不使分散介质液滴相互聚结，许多表面活性物质可以做乳化剂，它们可以在界面上吸附，形成具有一定机械强度的界面吸附层在分散相液滴的周围形成坚固的保护膜而稳定存在，乳化剂的这种作用称为乳化作用。通常，一价金属的脂肪酸皂，由于其亲水性大于其亲油性，界面吸附层能形成较厚的水溶剂化层，而能形成稳定的油/水型乳状液。而二价金属的脂肪酸皂，其亲油性大于其亲水性，界面吸附层能形成较厚的油溶剂化层，而能形成稳定的水/油型乳状液。

油/水型和水/油型乳状液外观是类似的，通常，将形成乳状液时被分散的相称为内相，而作为分散介质的相称为外相，显然内相是不连续的，而外相是连续的。

1. 鉴别乳状液类型的方法

（1）稀释法　乳状液能为其外相液体性质相同的液体所稀释。例如牛奶能被水稀释。因此，如加 1 滴乳状液于水中，立即散开，说明乳状液的分散介质是水，故乳状液属油/水型。如不立即散开，则属于水/油型。

（2）导电法　水相中一般都含有离子，故其导电能力比油相大得多。当水为分散介质，外相是连续的，则乳状液的导电能力大。反之，油为分散介质，水为内相，内相是不连续的，乳状液的导电能力很小。若将两个电极插入乳状液，接通直流电源，并串联电流表，则电流表指针显著偏转为油/水型乳状液；若电流计指针几乎不偏转，

则为水/油型乳状液。（图 2 – 15）

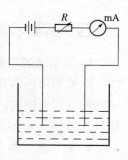

（3）染色法　选择一种能溶于乳状液中两个液相中的 1 个液相的染料，加入乳状液中。如将水溶性染料亚甲蓝加入乳状液中，显微镜下观察，连续相呈蓝色，说明水是外相，乳状液是油/水型；若将油溶性染料苏丹红Ⅲ加入乳状液，显微镜下观察，连续相呈红色，说明油是外相，乳状液是水/油型。

图 2 – 15　导电法鉴别乳状液类型

2. 常用的破乳方法

乳状液无论是工业上还是日常生活都有广泛的应用，有时必须设法破坏天然形成的乳状液，如石油原油和橡胶类植物乳浆的脱水，牛奶中提取奶油，污水中除去油沫等都是破乳过程。破坏乳状液主要是破坏乳化剂的保护作用，最终使水油两相分层析出。

（1）加入适量的破乳剂　破乳剂往往是反型乳化剂。如对于由油酸镁作乳化剂而形成的水/油乳状液，加入适量的油酸钠可使乳状液破坏。因为油酸钠亲水性强，能在界面上吸附，形成较厚的水化层，与油酸镁相对抗，互相降低它们的乳化作用，使乳状液稳定性降低而破坏。但若油酸钠加入过多，则其乳化作用占优势，则水/油型乳状液可转相为油/水型乳状液。

（2）加入电解质　不同电解质可以产生不同作用。一般来说，在油/水型乳状液中加入电解质，可减薄分散相液滴表面的水化层，降低乳状液稳定性质，如在油/水型乳状液中加入适量 NaCl 可破乳，加入过量 NaCl 使界面吸附层的水化层比油溶剂化层更薄，则油/水型乳状液会转相为水/油型乳状液。

有些电解质与乳化剂发生化学反应，破坏其乳化能力或形成乳化剂，如在油酸钠稳定的乳状液中加入盐酸，生成油酸，失去乳化能力，使乳化状液被破坏。

（3）用不能生成牢固的保护膜的表面活性物质来替代原来的乳化剂，如异戊醇的表面活性大，但其碳链太短，不足以形成牢固的保护膜，起到破乳作用。

（4）加热　升高温度使乳化剂在界面上的吸附量降低，在界面上的乳剂化层减薄，降低了界面吸附层的机械强度。此外，温度升高，降低了介质的黏度，增强了布朗运动，因此，减少了乳状液的稳定性，有助于乳状液的破坏。

（5）电场作用　在高压电场作用下，使荷电分散相变形，彼此连接合并，使分散度下降，造成乳状液的破坏。

三、仪器与试剂

仪器：100ml 具塞锥形瓶 2 个；试管 7 支；小玻璃棒 2 支；载玻片 2 个；盖玻片 2 个；显微镜 1 台；1 号电池 2 支；毫安表 1 个；电极 1 对。

试剂：石油醚；植物油；氢氧化钙饱和溶液；苏丹红Ⅲ油溶液；亚甲蓝水溶液或高锰酸钾固体。

四、实验步骤

1. 乳状液的制备

取氢氧化钙饱和溶液 25ml 置与灭菌后的植物油 25ml 混合，置于 100ml 具塞锥形瓶中，加塞用力振摇，便成乳状液（或于氢氧化钙饱和溶液中逐滴加入香油，并充分搅拌至乳白色。此乳状液是一种疗效颇佳的烫伤药）。

2. 乳状液的类型鉴别

（1）稀释法　取试管两支，分别装半管水，半管石油醚，然后用玻璃棒取乳状液少许，放入其中轻轻搅动，若为油/水型乳剂则可与水均匀混合，呈淡乳白色浑浊液。若是水/油型乳剂，则不易分散在水中，或聚结成一团附在玻璃棒上，或成为小球状浮于水面。若为水/油型，现象正好相反。

（2）染色法　取乳状液 1 滴，加苏丹红Ⅲ油溶液 1 滴。制片镜检，则水/油型乳状液连续相染红色，油/水型乳状液分散相染红色。

取乳状液 1 滴，加亚甲蓝水溶液 1 滴，制片镜检，则水/油型乳状液分散相染蓝色，油/水型乳状液连续相染蓝色。

（3）导电法　取两个干净试管，分别加入少许乳状液，按图 2-15 连接线路，鉴别乳状液的类型（或用电导仪分别测乳状液，观察其电导值，鉴别乳状液的类型）。

3. 乳状液的破坏和转相

（1）取乳状液 2ml，放入试管中，在水浴中加热，观察现象。

（2）取 2~3ml 乳状液于试管中，逐滴加入饱和 NaCl 溶液，剧烈振荡，观察乳状液有无破坏和转相（是否转相用稀释法）。

（3）取 2~3ml 乳状液于试管中，逐滴加入浓钠肥皂水（用开水泡肥皂制得），逐滴加入，剧烈振荡，观察乳状液有无破坏和转相（是否转相用稀释法）。

五、数据处理

用带颜色的笔画出在显微镜下观察到的乳状液被染色的情况，并回答该乳状液类型。

六、思考题

1. 在乳状液制备中为什么要激烈振荡？
2. 乳状液的稳定性主要取决于什么？
3. 在乳状液的破坏和转相实验中，除了稀释法之外还有哪些方法可以判断是否转相，哪种方法最方便？

七、预习要求

1. 什么是乳状液？
2. 乳状液有什么特点？
3. 如何鉴别乳状液的类型？

实验十一 溶胶的制备、净化与性质

一、实验目的

1. 了解溶胶制备的简单方法。
2. 了解溶胶净化的方法及作用。
3. 熟悉溶胶的基本性质。
4. 掌握由电泳计算胶粒移动速率及电动电位的计算方法。

二、实验原理

固体以胶体分散程度分散在液体介质中即得溶胶。溶胶的基本特征有三：①多相系统，相界面很大；②高分散度，胶粒大小在 $1 \sim 100nm$ 之间；③是热力学不稳定系统，有相互聚结而降低表面积的倾向。溶胶的制备方法可分为二类：一是分散法，把较大的物质颗粒变为胶体大小的质点；二是凝聚法，把分子或离子聚集成胶体大小的质点。本实验采取凝聚法制备几种溶胶。

制备 $Fe(OH)_3$ 溶胶，原理如下：

$$FeCl_3 + 3H_2O \longrightarrow Fe(OH)_3 + 3HCl$$
$$Fe(OH)_3 + HCl \longrightarrow FeOCl + 2H_2O$$
$$\downarrow$$
$$FeO^+ + Cl^-$$

$$[Fe(OH)_3]_n + mFeO^+ \longrightarrow \{[Fe(OH)_3]_n \cdot mFeO^+ \cdot (m-x)Cl^-\}^{x+}xCl^-$$

溶液中少量的氯离子可以作为稳定剂离子，但太多的离子会影响溶胶的稳定性，故必须用渗析法除去。渗析采用半透膜。松香溶胶的制备原理为采用溶剂更换法，将乙醇松香溶液滴入水中，松香可溶于乙醇，但不溶于水，在水中松香分子聚结为小颗粒。AgI 溶胶的制备是将 $AgNO_3$ 溶液 KI 溶液混合，刚刚生成的细小沉淀由于搅拌来不及聚集成较大粒子，因而能成为溶胶。

溶胶的性质包括四个方面：光学性质、动力学性质、表面性质与电学性质。

溶胶属热力学不稳定系统，外加电解质时易发生凝聚，但在大分子溶液的保护下，稳定性大大加强，抗凝结能力也就增强了。溶胶粒子的带电原因有三方面，即胶核的选择吸附、表面分子的电离和两相接触生电。

在外加电场的作用下，带电的胶粒会向一定的方向移动，这种现象称为电泳。解释电泳现象以及电解质对胶体稳定性的影响的理论是扩散双电层理论。

双电层分为紧密层（吸附层）和扩散层，胶核为固相，胶核表面上带电的离子称为决定电位的离子，溶液中的部分反离子因静电引力紧密地吸附排列在定位离子附近，紧密层由决定电位的离子和这部分反离子构成，紧密层和胶核组成了胶粒，胶粒移动时紧密层随之一起运动，紧密层的外界面称为滑移界面，滑移界面以外为扩散层。在胶团中，胶核为固相，吸附层和扩散层为液相。

扩散层的厚度，则随反离子扩散到多远而定，反离子扩散得越远，扩散层越厚。从胶核表面算起，反离子浓度由近及远逐步下降，降低到浓度等于零的地方即为扩散层的终端，此处的电位等于零。

扩散双电层模型认为，反离子在溶胶中的分布不仅取决于胶粒表面电荷的静电吸引，还决定于力图使反离子均匀分布的热运动。这两种相反作用达到平衡时，形成扩散双电层。从胶核表面到扩散层终端（溶液内部电中性处）的总电位称为表面电位，从滑移界面到扩散层终端的电位称为动电位或 ζ 电位。ζ 电位在该扩散层内以指数关系减小。扩散层越厚，ζ 电位也越大，溶胶越稳定。

若于溶胶中加入电解质，ζ 电位将减少，当 ζ 电位小于 0.03V 时，溶胶即变得不稳定。继续加入过量电解质，ζ 电位将改变符号，溶胶变为与原来电性相反的溶胶，称为溶胶的再带电现象。

随着电解质的加入，扩散层中的离子平衡被破坏，有一部分反离子进入紧密层，从而使 ζ 电位发生变化。随着溶液中反离子浓度不断增加，ζ 电位逐渐下降，扩散层厚度亦相应被"压缩"变薄。当电解质增加到某一浓度时，ζ 电位降为零，称为等电点，这时溶胶的稳定性最差。继续加入电解质，则出现溶胶的再带电现象。

某些高价反离子或异号大离子由于吸附性能很强而大量进入吸附层，牢牢地贴近在固体表面，可以使 ζ 电位发生明显改变，甚至反号。

ζ 电位的大小可衡量溶胶的稳定性。ζ 电位的计算公式为：

$$\zeta = \frac{4\pi\eta u}{DH} \times (9 \times 10^9) = \frac{4\pi\eta Ls}{DEt} \times (9 \times 10^9) \qquad (2-42)$$

式中，D 是介质的介电常数，η 是介质的黏度，H 为电位梯度（E/L，单位距离的电压降），E 为两电极间的电位差，L 为两电极间沿电泳管的距离，u 为电泳的速率（界面移动速率），s 为 t 时间内界面移动的距离，式中各量的单位均为 SI 单位。

三、仪器与试剂

仪器：电泳仪 1 套；电炉（300W）1 个；直流稳定电源 1 台；暗视野显微镜 1 台（公用）；试管架（小试管 5 支以上）；250ml 锥形瓶 1 个；250ml 烧杯 1 个；800ml 烧杯 1 个；250ml 分液漏斗 1 个。

试剂：2% $FeCl_3$ 溶液；火棉胶溶液；2% 乙醇松香溶液；0.01mol/L $AgNO_3$；0.01mol/L KI；0.1mol/L $CuSO_4$；1mol/L Na_2SO_4；2mol/L NaCl；0.5% 白明胶溶液；稀盐酸辅助液；KNO_3 辅助液。

四、实验步骤

1. Fe(OH)₃ 胶体溶液的制备

在 250ml 烧杯中加入 95ml 蒸馏水，加热至沸，逐滴加入 5ml 2% $FeCl_3$ 溶液，并不断搅拌，加完后继续沸腾几分钟，由于水解反应，得红棕色氢氧化铁溶胶。

2. 半透膜的制备

做半透膜的火棉胶使用的是纤维素与硝酸结合而成的低氮硝化纤维素，可取乙醇与乙醚各 50ml 混合，加 8g 低氮硝化纤维素，溶解即得（实验室预先制备）。也可选用市售的火棉胶溶液直接制备半透膜。半透膜的孔径大小与半透膜的干燥时间长短有关，时间短则膜厚而孔大，透过性强；时间长则膜薄而孔小，透过性弱。

取一干洁的 150ml 锥形瓶，倒入几毫升火棉胶溶液，小心转动锥形瓶，使之在锥形瓶上形成均匀薄层，倾出多余的火棉胶液倒回原瓶，倒置锥形瓶于铁圈上，让剩余的火棉胶液流尽，并让溶剂挥干，几分钟后，在瓶口剥开一部分膜，在此膜与瓶壁间加几毫升水，用水使膜与瓶壁分开，轻轻取出所成之袋，即得半透膜。在袋中加入少量清水，检验袋里是否有漏洞，若有漏洞，只须擦干有洞的部分，用玻璃棒醮少许火棉胶液补上即可。

3. $Fe(OH)_3$ 溶胶的净化

把制得的 $Fe(OH)_3$ 溶胶置于半透膜内，捏紧袋口，置于大烧杯内，先用自来水渗析 10min，再换成蒸馏水渗析 5min。

4. 松香溶胶的制备

取 1 支小试管，加几毫升水，滴 1 滴 2% 乙醇松香溶液，摇匀，即可制得松香溶胶。

5. 两种 AgI 溶胶的制备

（1）取 20ml 0.01mol/L $AgNO_3$ 溶液置 50ml 烧杯中，搅拌下，缓慢滴入 16ml 0.01mol/L KI 溶液，制得溶胶 A。

（2）取 20ml 0.01mol/L KI 溶液置 50ml 烧杯中，搅拌下，缓慢滴入 16ml 0.01mol/L $AgNO_3$ 溶液，制得溶胶 B。

6. 溶胶的性质

（1）光学性质（丁达尔现象）　在暗室中将 $CuSO_4$ 溶液、$Fe(OH)_3$ 溶胶、松香溶胶、AgI 溶胶、水等放入标本缸中，用聚光灯照射，从侧面观察乳光强度大小，并进行比较，区别溶胶与溶液。

（2）动力学性质　将制得的乙醇松香溶胶醮一点在载玻片上，加一盖玻片，放在暗视野显微镜下，调节聚光器，直到能看到胶体粒子的无规则运动（即布朗运动）。

（3）电学性质　取一 U 型电泳管洗净，加几毫升 KNO_3 辅助液调至活塞内无空气，从小漏斗中加入 AgI 溶胶 A，不可太快，否则界面易冲坏，等界面升到所需刻度，插上铂电极，通直流电（40V）后，观察界面移动方向，判断溶胶带什么电荷。同法观察 AgI 溶胶 B。

7. 溶胶的凝聚与大分子溶液的保护作用

（1）凝聚　在两支小试管中各注入约 2ml $Fe(OH)_3$ 溶胶，分别滴加 NaCl 与 Na_2SO_4 溶液，观察比较产生凝聚现象时，电解质溶液的用量各是多少。

（2）大分子溶液的保护作用　取 3 支小试管，各加入 1ml $Fe(OH)_3$ 溶胶，分别加入 0.01ml、0.1ml 及 1.0ml 0.5% 白明胶液，然后加蒸馏水使 3 管总量相等。各再加 1ml 2mol/L NaCl 溶液，观察哪一管发生凝聚，如在最前的两只试管内有凝聚现象时，则表示保护作用发生在 0.1ml 及 1.0ml 之间，为了更准确的测定，应当再用 0.2ml、0.5ml 及 0.7ml 白明胶再进行试验，以此类推，最后能较准确确定保护作用是在哪一条件发生的。

8. 电泳速率与 ζ 电位的测定

取一 U 型电泳管洗净，加稀盐酸辅助液调至电泳管分叉处，调整活塞内至无气泡，利用高位槽（分液漏斗）从 U 型电泳管下部加入氢氧化铁溶胶，小心开启活塞，让氢氧化铁缓慢上涌，不可太快，否则界面易被冲坏，直到界面升至 U 型管分叉处，可再将界面上升速率调快些，等界面升到所需刻度，关上活塞，插上铂电极，画上划线，通直流电（15V）后记录时间（实验时注意观察两极有何现象，两极各发生什么反应），待液面上升（或下降）1cm 后，记录时间，关闭电源。准确测量两电极间沿电泳管的距离 L，计算 ζ 电位。

五、数据处理

1. 记录 $CuSO_4$ 溶液、$Fe(OH)_3$ 溶胶、松香溶胶、AgI 溶胶、水的光学性质实验结果，并判断何者为溶胶。

2. 记录两种 AgI 溶胶的电泳方向，并判断胶体粒子带何种电荷。

3. 记录在大分子溶液对 $Fe(OH)_3$ 溶胶进行保护时破坏 $Fe(OH)_3$ 溶胶须加入的 NaCl 溶液体积，并确定保护作用是在哪一条件发生的。

4. 记录 $Fe(OH)_3$ 溶胶电泳时的电位差、时间、电泳距离及两极间距离，计算电泳速率，并由计算 ζ 电位。

六、思考题

1. 制得的溶胶为什么要净化？加速渗析可以采取什么措施？

2. $Fe(OH)_3$ 溶胶电泳时两电极分别发生什么反应？试用电极反应方程式表示之。

七、预习要求

1. 了解溶胶的特点和性质。

2. 溶胶的制备可以有哪些方法，原理何在？

3. 本实验成败的关键是什么？

实验十二　固－液界面上的吸附

一、实验目的

1. 通过测定活性炭在乙酸溶液中的吸附，验证弗伦特立希（Freundlich）吸附等温式。

2. 做出在水溶液中用活性炭吸附乙酸的吸附等温线，求出 Freundlich 等温式中的经验常数。

3. 了解固体吸附剂在溶液中的吸附特点。

二、实验原理

活性炭是一种高分散的多孔性吸附剂，在一定温度下，它在中等浓度溶液中的吸附量与溶质平衡浓度的关系，可用 Freundlich 吸附等温式表示：

$$\frac{x}{m} = kc^{\frac{1}{n}} \tag{2-43}$$

式中，m 为吸附剂的质量（g）；x 为吸附平衡时吸附质被吸附的量（mol），$\frac{x}{m}$ 为平衡吸附量（mol/g）；c 为吸附平衡时被吸附物质留在溶液中的浓度（mol/L）；k、n 为经验常数（与吸附剂、吸附质的性质和温度有关）。

将式（2-43）取对数，得：

$$\lg \frac{x}{m} = \frac{1}{n}\lg c + \lg k \qquad (2-44)$$

以 $\lg \dfrac{x}{m}$ 对 $\lg c$ 作图，可得一条直线，直线的斜率等于 $\dfrac{1}{n}$，截距等于 $\lg k$，由此可求得 n 和 k。

三、仪器与试剂

仪器：150ml 磨口具塞锥型瓶 6 个；150ml 锥型瓶 6 个；长颈漏斗 6 个；称量瓶 1 个；50ml 酸式、碱式滴定管各 1 支；5ml 移液管 1 支；10ml 移液管 2 支；25ml 移液管 3 支；台称 1 台；恒温振荡器 1 套；定性滤纸若干。

试剂：粉末活性炭；0.4mol/L 乙酸溶液；0.1000mol/L NaOH 标准溶液；酚酞指示剂。

四、实验步骤

1. 将 6 个干洁的具塞锥型瓶编号，并各称入 2.0g 粉末活性炭（用减量法在台称上准确称量）。然后用滴定管按表 2-9 分别加入 0.4mol/L HAc 和蒸馏水，并立即盖上塞子，置于 25℃ 恒温振荡器中摇荡 1h（若无振荡器，则在室温下手工振摇）。

2. 滤去活性炭，用初滤液（约 10ml）分两次洗涤接收锥型瓶后弃去，收集续滤液。

3. 从各号滤液中按表 2-9 所列的体积取样，以酚酞为指示剂，用 0.1mol/L NaOH 标准溶液各滴定两次，碱量取平均值记入表 2-9。

注意事项：操作过程中应尽量加塞瓶盖，以防乙酸挥发。

五、数据处理

1. 将实验数据记入表 2-9。

表 2-9 活性炭对乙酸的吸附

温度_____℃ 大气压_____Pa NaOH 浓度_____mol/L

序　号	1	2	3	4	5	6
0.4mol/L 乙酸（ml）	80.00	40.00	20.00	12.00	6.40	3.20
蒸馏水（ml）	0.00	40.00	60.00	68.00	73.60	76.80
乙酸初浓度 c_0（mol/L）						
加入活性炭量 $m(g)$						
平衡取样量 V（ml）	5.00	10.00	10.00	25.00	25.00	25.00
NaOH 消耗量（ml）						
乙酸平衡浓度 c（mol/L）						
$\dfrac{x}{m}$（mol/g）						
$\lg c$						
$\lg \dfrac{x}{m}$						

2. 计算吸附前各瓶中乙酸的初浓度 c_0 和吸附平衡时的浓度 c，并按下式计算吸附量一同填入表 2－9。

$$\frac{x}{m} = \frac{V(c_0 - c)}{m} \times \frac{1}{1000} \qquad (2-45)$$

式中，V 为被吸附溶液的总体积（ml）。

3. 绘制 $\frac{x}{m}$ 对 c 的吸附等温线。

4. 以 $\lg\frac{x}{m}$ 对 $\lg c$ 作图，从所得直线的斜率和截距，计算经验常数 n 和 k。

六、思考题

1. 固体吸附剂的吸附量大小与哪些因素有关？
2. 在过滤分离活性炭时，为什么要弃去最初的一小部分滤液？

七、预习要求

1. 物理吸附与化学吸附的区别，哪种吸附需要活化能？
2. 为了提高实验的准确度，应该注意哪些操作？

实验十三　　燃烧热的测定

一、实验目的

1. 学会使用氧弹卡计测定燃烧热。
2. 了解氧弹卡计主要部分的作用，掌握使用氧弹卡计与贝克曼温度计的实验技术。
3. 明确燃烧热的定义，了解恒容燃烧热与恒压燃烧热的差别。
4. 学会利用雷诺图解法正确求出温差的方法。

二、实验原理

物质完全燃烧的热效应称为燃烧热。本实验测定萘的燃烧热。

燃烧热的测定，是让燃烧反应在恒容条件下进行，用氧弹卡计测出的是恒容燃烧热 Q_V（ΔU），但常用的数据为恒压燃烧热 Q_p（即 ΔH），对于有气体参与的反应，气体可看作理想气体，根据热力学推导，Q_p 与 Q_V 的关系是：

$$Q_p = Q_V + \Delta nRT$$

式中，Δn 为产物中气体的总摩尔数与反应物中气体总摩尔数之差。T 为反应时的温度。

通过实验测得 Q_V 值，根据上述关系可计算出 Q_p 值。

测量热效应的仪器称作量热计（卡计）。量热计的种类很多，一般用氧弹卡计，氧弹卡计和氧弹的结构如图 2－16 及图 2－17 所示。

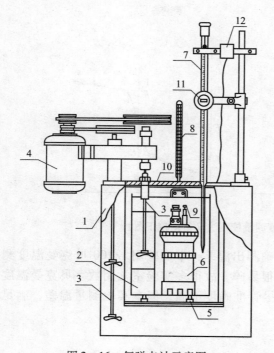

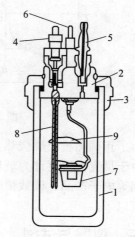

图 2 – 16　氧弹卡计示意图　　　　　图 2 – 17　氧弹示意图

1. 外壳　2. 内桶　3. 搅拌器　4. 电机　5. 支座　6. 氧弹　　　　1. 厚壁圆筒　2. 弹盖　3. 螺帽　4. 进气孔
7. 贝克曼温度计　8. 玻套温度计　9. 电极　　　　　　5. 排气孔　6. 电极　7. 燃烧皿
10. 盖子　11. 放大镜　12. 振动器　　　　　　　　8. 电极　9. 火焰遮板

为了使被测物质能完全燃烧，就需要充足的氧气，本实验使用 1. 5MPa ~ 2MPa（15 ~ 20 大气压）的氧气。被测物与氧气装在氧弹中，氧弹放入内装一定水的内桶中，内桶外有空气隔热层，再外面是恒定温度的水套。被测物燃烧所放出的热，大部分被内桶中的水吸收，另一部分被氧弹、水桶、温度计、搅拌器等所吸收。通过测定燃烧前后的温度变化就可求出样品的恒容燃烧热，其关系如下：

$$m_{样} Q_{V样} + m_{铁} Q_{V铁} + m_{线} Q_{V线} = C_{卡} \Delta T$$

式中，$m_{样}$、$m_{铁}$、$m_{线}$ 分别为参与反应的样品、铁丝、棉线的质量（g）；$Q_{V样}$、$Q_{V铁}$、$Q_{V线}$分别为样品、铁丝、棉线的恒容燃烧热（J/g，铁丝为 6688J/g，棉线为 16740J/g）；$C_{卡}$ 为卡计的热容（J/℃，即卡计升高 1℃所需吸收的热量，通常称为水当量，本实验由苯甲酸标定，苯甲酸的恒容燃烧热为 26460J/g）。

为了减少内桶与外水套的热交换，内桶与外水套之间有隔热层，内桶需高度抛光以减少辐射，即使如此，热泄漏还是无法避免，因此燃烧前后温度变化的测量值，必须经过雷诺作图法校正，校正方法如下：

称量适当的待测物质，燃烧后能使内桶水升温 2℃ ~ 3℃，预先调节内桶水温，使其低于外水套温度约 1. 5℃，然后将燃烧前后、历次观察的水温对时间作图，连成 abcd 线，如图 2 – 18 所示，在 b 点开始燃烧，c 是观测到的最高温度或温升趋于平缓时的温度，O 为温升到达外水套温度的读数。通过 O 点作 AB 垂直线，然后将 ab 和 cd 线分别外延，交 AB 线于 EF 两点，EF 两点间的温度差即为所求的 ΔT。如果实验时不具备使内桶水温度低于外水套温度的条件，可将 O 点选作温差中间点，即 a、c 两点间温差的中间点代替，近似计算。

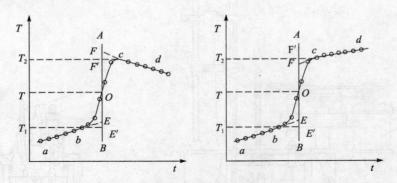

图 2-18 温度测量校正法（雷诺校正图）

为了正确测量出燃烧热，必须正确测出温差，本实验用 1/100 贝克曼温度测量温差。由于贝克曼温度计为玻璃制品，很易碎，故很多实验室常用数字贝克曼温度计及热电偶等电子产品，读数精度很高，尽管准确度不高，但本实验测量温差，满足精度高就可以了。

三、仪器与试剂

仪器：氧弹卡计 1 套；氧气钢瓶 1 只；氧气表 1 只；压片机 1 台；分析天平 1 台；台秤 1 台；贝克曼温度计 1 支；普通温度计 1 支；量筒 2000ml、1000ml、500ml 各 1 个；10ml 移液管 1 支。

试剂：萘；苯甲酸。

其他：棉线；铁丝；万用表；培养皿；镊子；尺子；剪刀；扳手；螺丝刀；吸水纸；称量纸；洗耳球；拭布等。

四、实验步骤

1. 调整贝克曼温度计，使之适合实验需要。

2. 取 15cm 左右燃烧铁丝，在分析天平上准确称量。

3. 称取 0.8g 苯甲酸，在压片机上压成片，将片上沾附的粉末轻轻敲去，然后于分析天平上准确称量。

4. 将苯甲酸用铁丝紧缚在氧弹的两极上，也可用棉线帮助缚紧，用万用表检查是否通路。在氧弹底部放入 10ml 蒸馏水，旋紧氧弹盖，通入 1.5MPa～2.0MPa（15～20大气压）的氧气。充气后再用万用表检查铁丝是否断路或短路。

5. 将内桶水的温度调至比外水套低 1.5℃（为什么要低 1.5℃？），准确量取 2800ml 水，倒入内桶。将氧弹放入其中，装好后，开动搅拌马达。

6. 用放大镜读取贝克曼温度计的读数，每隔半分钟记录一次。当记下 10 个以上稳定上升的温度数据后，即可通电点燃。样品点燃后每半分钟读一次数据，待温度升到最高点，转而下降或趋于平缓时，再读 10 个以上均匀下降的读数，实验即可停止。停止搅拌，取出氧弹，泄出废气，旋开弹盖，仔细检查弹内物品是否燃烧完全，未燃烧的铁丝应称重。倾出内桶水，用拭布擦净氧弹及内桶。

7. 在台称上称取 0.6g 萘，按同样方法重复以上实验测定萘的燃烧热。

五、数据处理

1. 在表 2 – 10 中分别记录两次实验贝克曼温度计测内桶水温度随时间的变化。

表 2 – 10　贝克曼温度计测内桶水温度随时间的变化

室温：_____℃　大气压：_____Pa

苯甲酸的燃烧		萘的燃烧	
实验前外水套温度：　　　℃		实验前外水套温度：　　　℃	
时间	内桶水温	时间	内桶水温

2. 用雷诺图解法求苯甲酸燃烧引起的氧弹卡计温度差值 ΔT_1 值，求出卡计的水当量。

3. 用雷诺图解法求出萘燃烧引起的氧弹卡计温度差值 ΔT_2 值，并求出萘的恒容燃烧热与恒压燃烧热。

4. 计算相对误差。

六、思考题

1. 本实验中如何划分系统和环境？

2. 实验测得的温度差值，为何要经过雷诺图解法校正？

3. 内桶水的温度是根据什么选择的？为什么要比外水套的温度低 1.5℃？

4. 为什么 AB 线要划在内、外桶水温相等的时刻？

5. 实验中铁丝、棉线的燃烧及硝酸的生成对 Q_V 有何影响？如不加校正行不行？

七、预习要求

1. 燃烧热的定义是什么？恒压燃烧热与恒容燃烧热的差别及相互关系是什么？

2. 确定哪些物质放热，哪些物质吸热，列出热平衡关系。

3. 了解 $C_卡$ 包含了什么，如何确定，有什么意义。

4. 了解贝克曼温度计的用途。

实验十四　溶解热的测定

一、实验目的

1. 用量热法测定固体试剂的溶解热。

2. 掌握贝克曼温度计的使用方法和量热的基本原理、测量方法。

3. 了解计算机控制化学实验的方法和途径。

二、实验原理

物质溶解于溶剂中时产生的热效应称为溶解热。溶解热的正负符号和数值大小取决于溶剂和溶质的性质及它们的相对量以及温度和压力。定温定压（经常特指25℃和100kPa）下，1mol物质溶于一定量溶剂中所形成某浓度溶液时的热效应，称为该浓度溶液的积分溶解热，以符号 $\Delta_s H_m$ 表示。

本实验所用量热计如图2-19所示。

由热力学原理可知 $Q_p = C_p \Delta T$。在量热过程中，为计算溶解热，必须求得 C_p 和 ΔT。C_p 是量热容器中各种物质的热容（包括广口保温瓶、搅拌器、电加热器、水溶液和贝克曼温度计浸入水中的各个部分的热容），它不仅不易算出，而且随温度变化是一个很难通过计算获得的量。为此在待测热量接近相等的 ΔT 范围内，对量热系统通电输入一定的已知热量的 $Q_{电}$，并测出 $\Delta T_{电}$（通电加热过程中温度的升高值），由 $Q_{电} = C\Delta T_{电}$ 可求出热容 C。再使样品在量热系统中进行溶解，测出 $\Delta T_{待测}$（物质溶解过程中温度的降低值），由 $C\Delta T_{待测} = Q_{待测} = Q_p$，算出溶解热 Q_p，这就是溶解热测量的基本原理。

本实验中样品 KNO_3 的溶解为吸热反应，可用电热补偿法求出热容 C。

KNO_3 溶解后，系统温度下降。在电热器中通过一定的电流 I（加热器电阻 R），通电一定时间 t 后，系统由温度的最低值沿原途径升高到原来值。

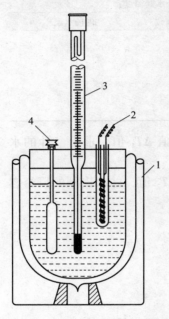

图2-19 量热计示意图
1. 广口保温瓶 2. 电加热器
3. 贝克曼温度计 4. 搅拌器

$$C = \frac{Q_{电}}{\Delta T_{电}} = \frac{IUt}{\Delta T_{电}} = \frac{Q_{待测}}{\Delta T_{待测}} \qquad (2-46)$$

式中，$Q_{待测}$ 为使系统温度下降（温差为 $\Delta T_{待测}$）时的溶解热；$Q_{电}$ 为使系统温度上升（温差等于 $\Delta T_{电}$）时的电热。

本实验用贝克曼温度计测量系统的温差。在量热过程中，应该使 $\Delta T_{电}$ 和 $\Delta T_{待测}$ 落在同一温度区域内，数值应尽量接近，这样由于温度计本身的不均匀性所产生的误差就可以抵消掉。

本实验先测样品溶解时温度的改变量 $\Delta T_{待测}$，系统温度降至最低点时，用电加热器对系统加热，使系统温度回升到接近原值，以求出热容 C。

由于

$$\Delta_s H_m = C\Delta T_{待测} \frac{M}{W} \qquad (2-47)$$

式中，C 为热容；M 为 KNO_3 的摩尔质量；W 为 KNO_3 的实际溶解量。

将式（2-47）代入式（2-46）得

$$\Delta_s H_m = \frac{IUt}{\Delta T_{电}} \Delta T_{待测} \frac{M}{W} \qquad (2-48)$$

由式（2-48）即可求出1mol KNO_3 的积分溶解热。

三、仪器与试剂

仪器：广口保温瓶（杜瓦瓶）1个；电动搅拌器1台；（数字）贝克曼温度计1支；电加热器1台；直流稳压电源1台；1000ml 烧杯1个。

试剂：KNO_3。

四、实验步聚

1. 按图2-20所示接好线路。

由电源输出的直流电经滑线变阻 R 加在电加热器H上。滑线变阻 R 用来调节电流强度，通过电流表A和伏特计V可以读出流经电加热器H的电流和H两端的电压。

2. 调整贝克曼温度计，使之适合实验需要（玻璃型的贝克曼温度计见第四章物理化学实验技术与设备第二节）。

3. 在量热计的盖上安装好各个附件（搅拌器、加热器、贝克曼温度计等），如图2-19。

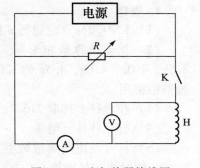

图2-20　电加热器接线图

4. 准确量取 3000ml 蒸馏水倒入广口保温瓶中，盖好量热计的盖子。

5. 用烧杯取已烘干并储存于干燥器中的 KNO_3 50g。

6. 把滑线变阻器 R 置于最大值，将直流电源输出旋钮旋至零，合上电键K，调节输出电压，使H两端的电压为65V左右，然后将电键K断开。此后，实验过程中不得再调节电源的电压旋钮。

7. 开动搅拌器，读出贝克曼温度计上的温度读数，精确到0.002℃，每分钟读1次（使用玻璃型贝克曼温度计读数前5s，用套橡胶的玻璃棒在温度计的水银附近轻敲3下，以防温度计的惰性）。

8. 在温度恒定5min后，将已称量好的 KNO_3 全部倒入保温瓶中，争取在1min内倒完，每分钟读1次温度，直到保温瓶中温度回升。

9. 合上电键K，电加热器开始加热，同时开始记录时间，并记取此刻温度，在加热期间，每2min记录电流、电压各1次，同时记录温度1次。

10. 使量热计内水温升至加入 KNO_3 前的最高温度时，将电键K断开，加热器K停止加热，同时记下准确时间。待热平衡后，记录系统的最高温度。

五、数据处理

1. 按表2-11记录实验数据。

表 2 – 11   实验数据记录

室温：_____℃   大气压：_____Pa

时间 t（min）	温度（℃）	电压（V）	电流（A）

2. 计算 KNO_3 的积分溶解热。

附：计算机处理实验数据步骤

1. 操作

（1）KNO_3 26g（已进行研磨和烘干处理），放入干燥器中。

（2）将 8 个称量瓶编号。在台秤上称量，依次加入约 2.5g，1.5g，2.5g，3.0g，3.5g，4.0g，4.0g，4.5g 的 KNO_3，再至分析天平称出准确数据，把称量瓶依次放入干燥器中待用。

（3）在台秤上称取 216.2g 蒸馏水放置于杜瓦瓶内。

（4）打开计算机电源。

（5）打开反应热测量数据采集接口电源，将温度传感器擦干至于空气中，预热 3min，同时将加热器放入装有自来水的杯中。

（6）进入系统初始界面，选择确定键，进入主界面，按下开始实验按钮，根据提示开始测量当前室温。这时可打开恒流源及搅拌器电源。

（7）室温测好后，测量加热器功率并调节恒流源，使加热器功率在 2.25 ~ 2.3W 之间。调节好后将加热器至于量热器的蒸馏水中，同时将温度传感器也放入其内，按下回车键，测量水温。这时不要再调动功率。

（8）当采样到水温高于室温 0.5℃时，由计算机提示加入第一份 KNO_3，同时计算机会实时记下此时水温和时间。

（9）加入 KNO_3 后溶解，水温下降由于加热器在工作水温又会上升至起始温度时，根据计算机提示加入第二份 KNO_3，同时计算机记下时间。统计出每份 KNO_3 溶解电热补偿通电时间。

（10）重复上一步骤，直至第八份 KNO_3 也加完。

（11）根据计算机提示关闭加热器和搅拌器。

2. 数据处理

（1）回到系统主界面，按下数据处理菜单，并从键盘输入水的质量和各份样品质量。检查无误后再按下"以当前数据处理"按钮，则软件自动计算出结果。

（2）显示器右上角有"下一页"，按此钮出现计算机自动画的 $Q_s - n_0$ 图，再按打印即可打印处理的数据和图表。

六、思考题

1. 为什么本实验用电热补偿法标定量热计？

2. 分析实验的各种影响因素。

七、预习要求

1. 本实验如何划分系统与环境,如何减少热泄漏?
2. 了解溶解热的定义,溶解热属于 Q_p 还是 Q_V?

实验十五　凝固点降低法测定摩尔质量

一、实验目的

1. 掌握用凝固点降低法测定非电解质溶质的摩尔质量。
2. 了解用凝固点降低法研究植物的某些生理现象。

二、实验原理

溶液的凝固点一般低于纯溶剂的凝固点,这种现象称为凝固点降低。非挥发性的非电解质的稀溶液,其凝固点降低值与浓度的关系可用下式表示:

$$T_f - T_s = \Delta T_f = \frac{RT_f^2}{\Delta H_f} \cdot \frac{n_B}{n_A} \tag{2-49}$$

式中,T_f 为纯溶剂的凝固点;T_s 为溶液的凝固点;ΔT_f 为溶液的凝固点降低值;ΔH_f 为纯溶剂的摩尔凝固热;n_A 为溶剂的物质的量;n_B 为溶质的物质的量。

设在质量为 W_A 的溶剂中溶有质量为 W_B 的溶质,M_A 和 M_B 分别表示溶剂与溶质的摩尔质量,则上式又可写为:

$$\Delta T_f = \frac{RT_f^2}{\Delta H_f} \cdot \frac{M_A}{1000} \left(\frac{W_B}{M_B} \cdot \frac{1000}{W_A} \right) = K_f \frac{W_B}{M_B} \cdot \frac{1000}{W_A} \tag{2-50}$$

式中,K_f 为凝固点降低常数,它只与溶剂的性质有关,而与溶质的性质无关。

根据式(2-50),如果 W_A、W_B 为已知,可由 ΔT_f 值计算出溶质的摩尔质量 M_B。利用凝固点降低来求摩尔质量是一种简单而又准确的方法,但应注意使用的条件。从式(2-50)可以看出,ΔT_f 值的大小是与溶质在溶液中的"有效质点"数有关的。因此,如果溶质在溶液中产生缔合、解离、溶剂化或生成络合物等情况时,用此法求出的摩尔质量为表观摩尔质量。如果已知溶质的摩尔质量则可用此法研究溶液的缔合度、电解质的电离度、活度及活度系数等性质。

生物体内有自动调节液体浓度以适应外界环境的能力。植物处在低温或干旱条件下,通过酶的作用可将多糖、蛋白质等大分子物质分解成小分子的双糖、单糖、草酸、氨基酸等,从而大大提高生物体内液体中溶质的有效质点浓度,使系统的渗透压升高,凝固点降低,以抵御外界的干旱、低温条件,所以测定植物液汁的凝固点降低,可以用来研究植物的某些生理现象。

稀溶液的渗透压为 $\pi = cRT$,式中 c 为溶质的量浓度,对稀溶液

$$c = \frac{\Delta T_f}{K_f} \tag{2-51}$$

所以
$$\pi = \frac{\Delta T_f}{K_f}RT \qquad\qquad (2-52)$$

测出稀溶液的凝固点降低值，即可由式（2-52）求出它的渗透压。

三、仪器与试剂

仪器：凝固点测定仪1套；贝克曼温度计1支；普通温度计（-10℃~100℃）1支；读数放大镜1个；移液管（50ml）1支；称量瓶1个；1000ml 烧杯、400ml 烧杯各1个。

试剂：葡萄糖；植物汁液；粗食盐及水。

四、实验步骤

1. 冷冻剂的制备

将玻璃缸内放入一定量的碎冰块，加入适量的冷水和粗食盐，搅拌使冷冻剂降至-1℃~-5℃之间。测定过程中还要逐渐加入食盐和冰块并经常搅动，使冷冻剂维持一定的低温。

2. 溶剂凝固点的测定

仪器装置如图2-21。取干净的测定管，加入纯溶剂30ml左右（其量应没过温度计的下端水银槽），插入贝克曼温度计及细搅棒后，开始测定溶剂的近似凝固点。

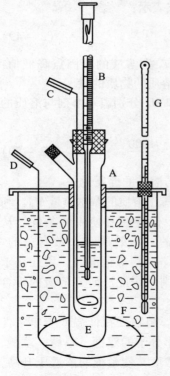

图2-21　凝固点测定示意图
A. 凝固管　B. 贝克曼温度计
C. 搅棒　D. 搅棒　E. 套管
F. 玻璃缸　G. 温度计

将装有溶剂的测定管直接插入冷冻剂中，轻轻上下移动搅棒，溶剂温度便不断下降，最后当有冰花出现时，水银柱不再下降，读出温度计读数（读至小数点后二位），此即为溶剂近似凝固点的刻度（ΔT_f）。

然后，再测定纯溶剂的精确凝固点。将测定管取出，置于室温中搅拌，使冰块全融化。再将测定管插入冷冻剂中冷却，轻轻搅动，使温度下降到$T_f + 0.3℃$左右，将测定管外部擦干套上套管（套管要事先置于冷冻剂中，以免管内空气温度过高），由于套管中的测定管周围有空气层，不与冷冻剂直接接触，故冷却速率较慢，从而使溶剂各部分温度均一。此时继续缓慢而均匀地搅拌溶剂，搅拌时应防止搅棒与温度计及管壁摩擦，当温度比T_f低0.5℃左右时开始剧烈搅拌，以打破过冷现象，促使晶体出现。当晶体析出时温度迅速上升，这时便改为缓慢搅拌，当温度达到某一刻度稳定不变时，读出该温度值（读至小数点后三位）。重复测定1次，两次读数差值不可超过0.005℃，取平均值，即为溶剂的凝固点（T_f）。

3. 葡萄糖溶液凝固点的测定

由于固态纯溶剂的析出，溶液的浓度会逐渐增大，因而剩余溶液与固态纯溶剂成平衡的温度也在逐步下降。所以溶液的凝固点，是溶液中刚刚析出固态溶剂时的温度。因此应控制不使溶液温度过冷太多。

　　称取 1.5g 葡萄糖置于干燥清洁的烧杯中，用移液管吸取 30ml 蒸馏水注入杯中，搅匀后，用少量溶液冲洗测定管、玻搅棒和贝克曼温度计 3 次，余下的溶液倒入测定管中，按照测量纯溶剂凝固点的方法先后测定该溶液的凝固点的近似值与精确值。（有时也可在测定管中准确地装入一定体积的纯溶剂，测出其凝固点后，再由侧管投入一定量的压成小片的溶质，测定其凝固点）

　　4. 植物液汁渗透压的测定

　　取两个不同的植物液汁样本，如室温及低温下保存的马铃薯，分别榨取其液汁。依上法测定其凝固点。注意测定管、玻搅棒及贝克曼温度计均用测定液汁先冲洗两次，搅拌不要过于剧烈，以免产生很多泡沫使溶剂不易结晶析出。计算其渗透压值，说明它们产生差别的原因。

五、数据处理

1. 将测定的数据列表。
2. 根据测定的 ΔT_f 值计算葡萄糖的摩尔质量。
3. 计算植物液汁的渗透压。

六、思考题

1. 根据什么原则考虑加入溶质的量？太多或太少对实验结果影响如何？
2. 本实验中为何要测纯溶剂的凝固点？
3. K_f 如何得到？
4. 过冷严重会对实验结果有何影响？
5. 实验中搅拌的作用是什么？何时该快？何时该慢？为什么？

七、预习要求

1. 复习稀溶液的依数性，了解渗透压与渗透浓度的关系。
2. 了解凝固点降低与渗透压的关系。

实验十六　　二组分气－液平衡系统

一、实验目的

　　1. 用回流冷凝法测定沸点时气相与液相的组成，绘制双液系（无水乙醇－正丙醇）的 $T-x$ 图。

　　2. 了解阿贝折射仪的构造原理，掌握阿贝折射仪的使用。

二、实验原理

　　单组分液体在一定的外压下沸点为一定值，把两种完全互溶的挥发性液体（组分

A 和 B）混合后，在一定的温度下，若两组分的蒸气压不同，则混合溶液的组成与其平衡气相的组成不同。因此在恒压下将溶液蒸馏，测定馏出物（气相）和蒸馏物（液相）的组成，就能找出平衡时气、液两相的组成并绘出 $T - x$ 图。

完全互溶的双液系 $T - x$ 图可分为三类：①液体与拉乌尔定律的偏差不大，在 $T - x$ 图上溶液的沸点介于 A、B 两纯物质沸点之间，如图 2 - 22a 所示，如苯 - 甲苯二元系统；②实际溶液由于 A、B 两组分相互影响，常与拉乌尔定律有较大负偏差，在 $T - x$ 图上出现最高点，如图 2 - 22b 所示，如盐酸 - 水、丙酮 - 三氯甲烷等二元系统；③A、B 两组分混合后与拉乌尔定律有较大正偏差，在 $T - x$ 图上出现最低点如图 2 - 22c 所示，如水 - 乙醇、苯 - 乙醇二元系统。②③类二元系统在最高点或最低点时气、液两相组成相同，这些点称为恒沸点，其相应的溶液称为恒沸混合物，恒沸点的混合物靠蒸馏无法改变其组成。

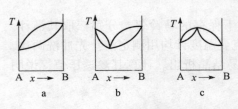

图 2 - 22　二组分气、液平衡相图

为了绘制二元液系的 $T - x$ 图，需在气、液两相达到平衡后，同时测定溶液的沸点、气相和液相组成。平衡时气、液两相组成的分析，可使用折射仪测定，因为溶液的折射率与组成有关。

本实验需要对温度进行精确测量，故要对温度测量进行露茎校正。校正值按下式计算：

$$\Delta T_{露茎} = Kn(T_{观} - T_{环}) \tag{2 - 53}$$

式中，$K = 0.00016$，是水银对玻璃的相对膨胀系数；n 为水银温度计露出被测系统之外的水银柱长度，以温度差值表示；$T_{观}$ 为测量温度计上的读数；$T_{环}$ 为环境温度，可用 1 支辅助温度计读出，其水银球置于测温温度计露茎的中部。真实温度为：

$$T_{真实} = T_{观} + \Delta T_{露茎} \tag{2 - 54}$$

由于实验时的大气压力并非 1 个标准大气压，而绘制相图则要在 1 个标准大气压下绘制，因此要将实验中所测得的沸点，校正为 1 个标准大气压下的沸点，即理论沸点或称正常沸点，应用特鲁顿规则及克劳修斯 - 克拉贝龙公式，可得溶液沸点因大气压变动而变动的近似校正公式：

$$\Delta T_p = \frac{RT_{沸} \Delta p}{88p} = \frac{T_{沸}(p^{\ominus} - p)}{10p^{\ominus}} \tag{2 - 55}$$

式中，$T_{沸}$ 是溶液的沸点，即经过露茎校正后的实验测定的溶液的沸点；$p^{\ominus}$ 为标准压力（100kPa），p 为实验时的大气压。因此，在标准压力下的溶液正常沸点为

$$T_{正常} = T_{沸} + \Delta T_p \tag{2 - 56}$$

三、仪器与试剂

仪器：沸点仪 1 只；阿贝折射仪 1 台；温度计（50℃ ~100℃，最小分度 1/10℃）1 支；温度计（0℃ ~100℃，最小分度 1/10℃）1 支；稳流电源（2A）1 台；超级恒温槽 1 套；移液管（干燥）20 根；小玻璃漏斗 1 个。

试剂：无水乙醇；正丙醇。

四、实验步骤

1. 配制含正丙醇约 10%，25%，35%，50%，75%，85%，90% 质量比的无水乙醇溶液（或由实验教师提前完成）。

2. 将超级恒温槽与阿贝折射仪相通，并调节使之恒温25℃。洗净沸点仪（用什么洗），在沸点仪中加入约 25ml 无水乙醇，使温度计水银球的位置一半浸入溶液中，一半露在蒸气中，打开冷却水，通电加热使溶液沸腾（电流不超过 2A）。最初在冷凝管下端袋状部的液体不能代表平衡时气相的组成（为什么），为加速达到平衡可将袋状部内最初冷凝的液体倾回沸点仪底部（图 2 – 23），并反复 2~3 次，待温度读数恒定后记下沸点并停止加热。冷却后在冷凝管上口插入长移液管吸取袋状部的蒸出液，迅速测其折射率。再用另一根短的移液管，从沸点仪的加料口吸出液相液体，迅速测其折射率（迅速测定是防止由于蒸发而改变成分）。每份样品需读数 3 次，取其平均值。

3. 同法将含正丙醇约 10%，25%，35%，50%，75%，85%，90% 无水乙醇各溶液进行实验，各次实验后的溶液均倒回原瓶中。

4. 最后进行正丙醇的沸点测定，为不使原瓶中正丙醇被污染，实验后的正丙醇不必倒回原瓶中。

5. 由实验数据（温度可不加以校正），绘制草图。根据图形决定补测若干点的数据。

五、注意事项

1. 电阻丝不能露出液面，一定要被欲测液体浸没，否则通电加热会引起有机液体燃烧。通过电流不能太大，只要能使欲测液体沸腾即可，过大会引起欲测液体（有机化合物）的燃烧或烧断电阻丝。

2. 一定要使系统达到气 – 液平衡，即温度读数恒定不变。

3. 只能在停止通电加热后才能取样分析。

4. 使用阿贝折射仪时，棱镜上不能触及硬物（如滴管），擦棱镜时需用擦镜纸。

5. 实验过程中必须在冷凝管中通入冷却水，以使气相全部冷凝。

六、数据处理

1. 记录：分别记录每一溶液的沸点，气、液两相折射率，大气压，环境温度及露茎高度。

2. 绘制工作曲线。已知 298K 无水乙醇与正丙醇混合液的浓度与折射率 n_D^{25} 的数据如表 2 – 12 所示：

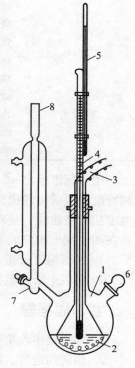

图 2 – 23   沸点仪示意
1. 沸点仪 2. 电加热丝
3. 导线 4. 测量用温度计
5. 校正用温度计 6. 液相取样口 7. 气相取样口
8. 冷凝管

表 2 – 12　正丙醇的浓度与折射率数据

正丙醇的摩尔百分数（%）	n_D^{25}
0.00	1.3592
7.70	1.3619
16.0	1.3642
24.6	1.3668
33.7	1.3691
43.2	1.3715
53.3	1.3740
63.8	1.3764
75.3	1.3789
87.3	1.3812
100.00	1.3839

用坐标纸绘出 n_D^{25} 与质量百分数的关系曲线，根据实验测定的结果，从图上查出气相冷凝液及液相的成分（如在实验测定折射率时的温度不是 25℃，则应另找一条在该温度的标准曲线，或者近似地以温度每升高 1℃，折射率降低 4×10^{-4}，改正到 25℃ 后再在图上找出相应成分）。

3. 进行温度校正，即露茎校正和大气压校正。

4. 用以上所得数据绘制其 $T - x$ 图，注明此图属于何种类型。

七、思考题

1. 沸点仪中收集气相冷凝液的袋状部的大小对结果有何影响？

2. 如何判定气、液相已达平衡状态？

3. 蒸馏时因仪器保温条件欠佳，在气相到达袋状部前，沸点较高的组成会发生部分冷凝，这样它们的 $T - x$ 图将怎样变化？

4. 你认为本实验所用的沸点仪尚有哪些缺点？如何改进？

5. 试估计哪些因素是本实验误差的主要来源？

八、预习要求

1. 本实验两次温度校正各有什么意义？

2. 了解本实验中温度控制在 25℃ 的意义及如何控制温度保持在 25℃？

3. 了解阿贝折射仪的用途及使用方法。

实验十七　　二组分液 – 液平衡系统

一、实验目的

1. 绘制部分互溶双液系的溶解度曲线。

2. 从溶解度曲线确定二组分液 – 液系统的临界溶解温度。

二、实验原理

液体在液体中的溶解也适用"相似者相溶"的规律。组成、结构、极性和分子大小近似的液体往往可以完全互溶。例如水和乙醇、苯和甲苯等都能完全互溶。

若两种液体的性质有显著差异，可导致两液体发生部分互溶的现象。这种在定压下温度对两种液体互溶程度的影响，可归纳为三种情况：具有最高临界溶解温度的系统；具有最低临界溶解温度的系统与同时具有最高和最低临界溶解温度的系统。

本实验主要验证水－苯酚系统，它具有最高临界溶解温度。在常温下将少量苯酚加入水中，它能完全溶解于水。若继续加入苯酚，最终会达到苯酚的溶解度，超过溶解度，苯酚不再溶解，此时系统会出现两个液层：一层是苯酚在水中的饱和溶液（简称水层）；另一层是水在苯酚中的饱和溶液（简称苯酚层）。在定温、定压下两液层达到平衡后，其组成不变。这时在 $T-x$ 图上有相应的两个点，如图 $2-24$ 中 a、b 两点。当在定压下升高温度时，两液体的相互溶解度都会增加，即两液层的组成发生变化并逐渐接近；当升到一定温度，两液层的组成相等。因而两相变为一相，如图中 c 点，c 点的温度称为最高临界溶解温度。恒压下通过实验测得不同温度下两液体的相互溶解度，由精确得到的一系列温度及相应组成的数据，就可以绘出此图，找出最高点。

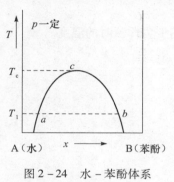

图 $2-24$　水－苯酚体系相图

三、仪器与试剂

仪器：1000ml 烧杯 1 支；2.5cm × 18cm 试管 1 支；0℃ ~ 100℃ 1/10 刻度温度计 1 支；搅拌器 1 支；2ml 移液管 1 支；5ml 移液管 1 支；电炉 1 个。

试剂：苯酚。

四、实验步骤

1. 实验装置如图 $2-25$。

2. 在试管内加入 5g 苯酚（称量精确到 0.1g，苯酚腐蚀性大，易潮解，称量时应小心），然后加入 2.5ml 蒸馏水，保持管内混合物的液面低于水浴的液面。

3. 将水浴加热到 80℃ 左右，同时搅拌混合液。当混合物由浑浊变为澄清时，读取温度，然后将套管连同试管提出水面，不断搅拌，使混合液逐渐冷却，记录混合物由澄清变为浑浊时的温度。此二温度的差值不应超过 0.2℃，否则必须重复上述加热和冷却的操作，直到符合要求为止。其平均值作为混合物的溶解温度。温度升高和降低的愈慢，两个温度愈接近。

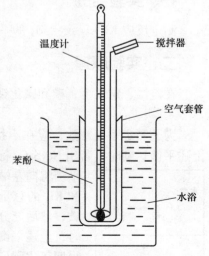

图 $2-25$　实验装置图

4. 在试管中分批加入蒸馏水，每次加 0.5ml，共 5 次，以后每次加 1ml，在逐次加入水测定时，溶解度会先升高而后降低。当此温度越过一最高值后，每次加 2ml 蒸馏水，共 2 次，以后加 4ml，直到溶解温度降到 40℃以下为止。

五、数据处理

1. 计算每次加水后混合液中苯酚的质量分数，将各组成和对应的溶解温度列表。
2. 以温度为纵坐标，组成为横坐标作水 – 苯酚系统的溶解度曲线。
3. 求出最高临界溶解温度。

六、思考题

1. 为什么温度升高和降低得愈快，两个温度的差值愈大。
2. 为什么将套管连同试管提出水面？记录混合物由澄清变为浑浊时的温度。
3. 本实验如何证实 c 点为最高临界溶解温度？

七、预习要求

1. 预习水 – 苯酚系统的溶解温度范围。
2. 了解不同二组分液 – 液平衡系统的溶解规律。
3. 了解如何减少温度测量的误差。

实验十八　　化学平衡常数及分配系数的测定

一、实验目的

测定反应 $KI + I_2 \rightleftharpoons KI_3$ 的平衡常数及碘在四氯化碳和水中的分配系数。

二、实验原理

在定温、定压下，碘和碘化钾在水溶液中建立如下的平衡：

$$KI + I_2 \rightleftharpoons KI_3$$

为了测定平衡常数，应在不扰动平衡状态的条件下测定平衡组成。在实验中，当上述平衡达到时，若用 $Na_2S_2O_3$ 标准溶液来滴定溶液中 I_2 的浓度，则因随着 I_2 的消耗，平衡将向左端移动，使 KI_3 继续分解，因而最终只能测得溶液中 I_2 和 KI_3 的总量。为了解决这个问题，可在上述溶液中加入四氯化碳，然后充分摇混（KI 和 KI_3 不溶于 CCl_4），当温度和压力一定时，上述平衡及 I_2 在四氯化碳层和水层的分配平衡同时建立。测得四氯化碳层中 I_2 的浓度，即可根据分配系数求得水层中 I_2 浓度。

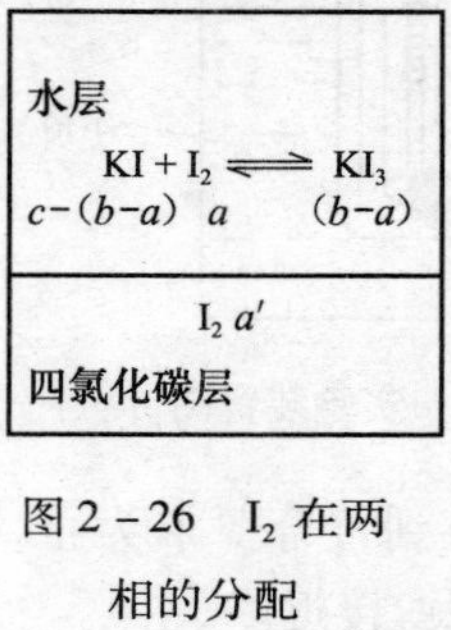

设水层中 $KI + I_2$ 的总浓度为 b，KI 的初始浓度为 c；四氯化碳层 I_2 的浓度为 a'；I_2 在水层及四氯化碳层的分配系数为 k，实验测得分配系数 k 及四氯化碳层中 I_2 的浓度 a' 后，则根据 $k = a'/a$，即可求

水层
$KI + I_2 \rightleftharpoons KI_3$
$c-(b-a)$　　a　　$(b-a)$
I_2　a'
四氯化碳层

图 2 – 26　I_2 在两
相的分配

得水层 I_2 浓度 a（图 2-26）。再从已知 c 及测得 b，即可计算出该反应的平衡常数。

$$K_c = \frac{[KI_3]}{[I_2][KI]} = \frac{(b-a)}{a[c-(b-a)]} \quad\quad (2-57)$$

三、仪器与试剂

仪器：恒温槽 1 套；250ml 碘素瓶（磨口锥形瓶）3 个；50ml 移液管 3 支；25ml 移液管 1 支；5ml 移液管 3 支；10ml 移液管 2 支；250ml 锥形瓶 4 个；碱式滴定管 2 支；250ml 量筒 1 个；10ml 量筒 2 个。

试剂：四氯化碳；I_2 的 CCl_4 饱和溶液；0.01mol/L $Na_2S_2O_3$ 标准溶液；0.1mol/L KI 标准溶液；1% 淀粉溶液。

四、实验步骤

1. 按表 2-13 所列数据，将溶液配于碘素瓶中。

2. 将配好的溶液置于 25℃ 的恒温槽内，每隔 10min 取出振荡 1 次，约经 1h 后，按表 2-13 所列数据取样进行分析。

3. 分析水层时，用 $Na_2S_2O_3$ 滴至淡黄色，再加 2ml 淀粉溶液作指示剂，然后小心滴至蓝色恰好消失。

4. 取 CCl_4 层样时，用洗耳球使移液管尖端鼓泡通过水层进入四氯化碳层，以免水层进入移液管中。于锥形瓶中先加入 5~10ml 水，2ml 淀粉溶液，然后将四氯化碳层样放入锥形瓶中。滴定过程中必须充分振荡，以使四氯化碳层中的 I_2 进入水层（为加快 I_2 进入水层，可加入 KI）。细心地滴至水层蓝色消失。四氯化碳层中不再现红色。

滴定后的和未用完的四氯化碳，皆应倾入回收瓶中。

五、数据处理

1. 记录。

2. 计算 25℃ 时，I_2 在四氯化碳层和水层中的分配系数。

3. 计算 25℃ 时，该化学反应的平衡常数。

六、思考题

1. 测定平衡常数及分配系数为什么要求恒温？

2. 配置溶液时，哪种试剂要求准确计量其体积？

3. 测定四氯化碳层中 I_2 的浓度时，应注意些什么？

表 2-13　实验数据表

实验温度：＿＿＿＿　气压：＿＿＿＿　KI 浓度：＿＿＿＿　$Na_2S_2O_3$ 浓度：

实验编号		1	2	3
混合液组成（ml）	H_2O	200	50	0
	I_2 的 CCl_4 饱和溶液	25	25	25
	KI 溶液	0	50	100

实验编号		1	2	3
分析取样体积（ml）	CCl$_4$ 层	5	5	5
	H$_2$O 层	50	10	10
滴定时消耗的 Na$_2$S$_2$O$_3$（ml）	CCl$_4$ 层			
	平均			
	H$_2$O 层			
	平均			
	$k=$		$K_{c_1}=$	$K_{c_2}=$
			$K_c=$	

七、预习要求

1. 了解 CCl$_4$ 的物性，包括毒性。

2. 查阅相关资料，熟悉分配系数，熟悉萃取操作。

3. 配第 1、2、3 号溶液进行实验的目的何在？

4. 如何加快平衡的到达？

第三章 ▶ 综合实验

实验一 加速实验法测定药物有效期

一、实验目的

1. 应用化学动力学的原理和方法，采用加速实验法测量不同温度下药物的反应速率，根据阿仑尼乌斯公式，计算药物在常温下的有效期。
2. 掌握分光光度计的测量原理及应用。

二、实验原理

四环素在酸性溶液中（pH < 6），特别是在加热情况下易产生脱水四环素。

四环素   脱水四环素

在脱水四环素分子中，由于共轭双键的数目增多，因此其色泽加深，对光的吸收程度也较大。脱水四环素在 445nm 处有最大吸收。

四环素在酸性溶液中变成脱水四环素的反应，在一定时间范围内属于一级反应。生成的脱水四环素在酸性溶液呈橙黄色，其吸光度 A 与脱水四环素的浓度呈函数关系。利用这一颜色反应来测定四环素在酸性溶液中变成脱水四环素的动力学性质。

按一级反应动力学方程式：

$$\ln \frac{c_0}{c} = kt \qquad (3-1)$$

则

$$k = \frac{1}{t} \ln \frac{c_0}{c} \qquad (3-2)$$

式中，c_0 为 $t = 0$ 时反应物的浓度（mol/L），c 为经过 t 时间后反应物剩余浓度，设 x 为经过 t 时间后反应物消耗掉的浓度，因此，有 $c = c_0 - x$，代入式（3-2）可得

$$\ln \frac{c_0 - x}{c_0} = -kt \qquad (3-3)$$

在酸性条件下，测定溶液吸光度的变化，用 A_∞ 表示四环素完全脱水变成脱水四环素的吸光度，A_t 代表在时间 t 时部分四环素变成脱水四环素的吸光度，则公式中可用

A_∞ 代替 c_0，（$A_\infty - A_t$）代替（$c_0 - x$），即

$$\ln \frac{A_\infty - A_t}{A_\infty} = -kt \qquad (3-4)$$

根据以上原理，可用分光光度法测定反应生成物的浓度变化，并计算初反应的速率常数 k。实验可在不同温度下进行，测得不同温度下的速率常数 k 值，依据阿仑尼乌斯公式，用 $\ln k$ 对 $\frac{1}{T}$ 作图，得一直线，将直线外推到 25℃（即 $\frac{1}{298.15\text{K}}$ 处）即可得到该温度时的速率常数 k 值，据公式

$$k_{0.9} = \frac{0.1054}{k_{25℃}} \qquad (3-5)$$

可计算出药物的有效期。

三、仪器与试剂

仪器：恒温水浴 4 套；分光光度计 1 台；分析天平 1 台；秒表 1 块；50ml 磨口锥形瓶 22 个；15ml 吸量管 2 支；500ml 容量瓶 2 个。

试剂：盐酸四环素；盐酸。

四、实验步骤

1. 溶液配置　用稀 HCl 调蒸馏水为 pH = 6 待用，然后，称取盐酸四环素 500mg，用 pH = 6 得蒸馏水配成 500ml 溶液（使用时取上清液）。

2. 将配好的溶液用 15ml 吸量管分装入 50ml 磨口锥形瓶内，塞好瓶口。

3. 调节恒温水浴　调节 4 个恒温水浴温度分别为 80℃、85℃、90℃、95℃。于 4 个恒温水浴中分别放入 5 个装有溶液的磨口锥形瓶。从 80℃恒温的锥形瓶，每隔 25min 取 1 个；从 85℃恒温的磨口锥形瓶，每隔 20min 取 1 个；从 90℃、95℃恒温的磨口锥形瓶，每隔 10min 取 1 个，用冰水迅速冷却。然后在分光光度计上于波长 $\lambda = 445$nm 处，测其吸光度 A_t，以配制的原液作空白溶液。

4. 将 1 个装有原液的锥形瓶放入 100℃水浴中，恒温 1h，取出冷却至室温，在分光光度计上 $\lambda = 445$nm 处测 A_∞。

五、注意事项

1. 严格控制恒温时间，按时取出样品。取出样品时，要迅速放入冰水中冷却，以终止反应。

2. 测定溶液吸光度时，应注意比色皿由于溶液过冷而结雾，影响测定。

六、数据处理

1. 数据记录于表 3-1 中。

2. 依据所推到的式（3-4），求出各温度下的速率常数 k 值，并填入表 3-2。

3. 用 $\ln k$ 对 $\frac{1}{T}$ 作图，将直线外推至 $\frac{1}{T} = \frac{1}{298.15\text{K}}$ 即 25℃处，求出 25℃时 k 值，再根

据式（3 - 5），求出 25℃时药物的有效期。

表 3 - 1 不同温度下样品的吸光度

室温：_____℃ 大气压：_____mmHg

80℃		85℃		90℃		95℃	
t（min）	A_t	t（min）	A_t	t（min）	A_t	t（min）	A_t

表 3 - 2 不同温度下反应的 k 值

t（℃）	80	85	90	95
$1/T$				
T				
$\ln k$				

七、思考题

1. 本实验是否要严格控制温度？原因何在？
2. 经过升温处理的样品，在测定前为什么要用冷水迅速冷却？

八、预习要求

1. 清楚分光光度计的使用方法。
2. 加速实验法确定药物有效期的原理是什么？

实验二 沉降天平法测定 CaCO₃ 粉末粒子的大小及粒子分布曲线

一、实验目的

学习沉降分析的基本原理，用沉降天平法测定 $CaCO_3$ 粉末粒子的大小及粒子分布曲线。

二、实验原理

悬浮粒子在分散介质中一方面受到重力的作用，作加速运动而下沉，另一方面受到介质的阻力。当此二力相等时，粒子将匀速下沉。设粒子为球形，则有：

$$\frac{3}{4}\pi r^3(\rho - \rho_0) = 6\pi\eta ru$$

因而

$$u = \frac{2r^2g(\rho - \rho_0)}{9\eta} \tag{3 - 6}$$

$$r = \sqrt{\frac{9\rho u}{2g(\rho - \rho_0)}} \tag{3 - 7}$$

此即 Stokes 沉降公式。

式中，r 为粒子半径（cm）；ρ_0、ρ 分别为介质和粒子的密度（g/cm³）；g 为重力加速率（cm/s²）；η 为介质黏度（P）；u 为粒子下沉速率（cm/s）。

由式（3-6）可见，当介质黏度、密度及粒子的密度为已知时，测得粒子的沉降速率以后，根据式（3-7）就可计算出相应的粒子半径。

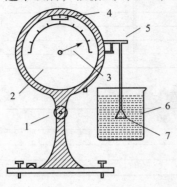

图 3-1　扭力天平

1. 天平开关　2. 指针转盘

3. 指针　4. 平衡指针　5. 平盘

吊钩 6. 沉降筒 7. 平盘

分散系统的粒子大小往往是不均匀的，为了得到分散系统的全部特征，常需测定大小不同的粒子的相对含量，即在离开液面一定高度处测定沉降量 G 随时间 t 的变化，作 $G-t$ 曲线（沉降曲线），再用此曲线进行处理，得到粒子大小的分布曲线。测定所用仪器是扭力天平如图 3-1 所示。

设有 5 种大小不同的粒子，每种粒子单独沉降所得的曲线如图 3-2 中的曲线 1~5 所示。

以曲线 3 为例，在到达时间 t_3 之前，粒子将均匀沉降，到 t_3 则所有粒子均沉降完毕，平盘质量保持 G_3 不变。t_3 是使所有在 h 高度内的粒子都完全沉降所需的时间，由此可算出此种粒子沉降速率。

$$u_3 = \frac{h}{t_3} \tag{3-8}$$

将 u 代入式（3-7）即可求得此种粒子的半径 r。

当 $t < t_3$ 时，沉降曲线方程式是：$G = m_3 t$，式中，m_3 是直线的斜率。

当 $t > t_3$ 时，沉降曲线方程式是：$G = G_3$。

如果样品中同时存在 5 种粒子，则变为图 3-2 中上面一条沉降曲线。在任何时间曲线上的某一个点的沉降量，就相当于同时间 5 条曲线上相应点的沉降量之和。以线段 BC 为例，此线段上的任一点的沉降量是：

$$G = (m_3 + m_4 + m_5)t + G_1 + G_2 \tag{3-9}$$

线段 BC 与 t_2、t_3 间的沉降曲线相切，由式（3-9）的直线方程可知，其延长线与纵轴的交点即为：$G_1 + G_2$，这就是在时间 t_2 已完全沉降的粒子量，线段 CD 的延长线与纵轴的交点代表 $G_1 + G_2 + G_3$。这两个交点之差就等于 G_3，即相当于半径为 r_3 的粒子量。

实际上粒子的分散度是很高的，其沉降曲线应是平滑的曲线，由上述分析很容易推广到这种情况。

为了作出粒子大小的分布曲线（图 3-3），需要求得分布函数 $f(r)$，用来表明半径 r 到 $r + dr$ 之间的粒子质量占粒子总质量 G_∞ 的分数。

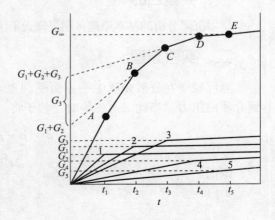

图 3-2　沉降曲线

$$f(r) = \frac{1}{G_\infty} \frac{\mathrm{d}G}{\mathrm{d}r} \qquad (3-10)$$

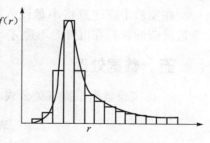

图 3-3 粒子分布曲线

以 $\frac{\Delta G_i}{G_\infty \Delta r_i}$ 对平均半径 $r = \frac{r_i + r_{i+1}}{2}$，根据折线形状可作出一条平滑的分布曲线，该曲线是 $f(r)$ 的近似图形，所取的点子愈多，近似程度愈高。

G_∞ 是沉降完毕平盘上粒子的总质量，但由于细小粒子沉降很慢，需很长时间才能沉完，故通常作图用外推法求 G_∞。

对沉降分析最大的干扰是液体的对流（包括机械的和热的原因引起的）和粒子的聚结，保持系统温度恒定可以减少热对流，添加适当的分散剂（多为表面活性剂）可防止粒子聚结，分散剂的类型和量必须经过试验，添加量一般不宜超过 0.1%，以免影响系统的性质。用于分析的液体介质不应与粒子反应或使粒子溶解，其黏度和密度应与粒子密度结合起来考虑，使其有一定的沉降速率。

沉降分析只适于颗粒大小 $1 \sim 50 \mu m$ 的范围，固体浓度不宜大于 100%，以保证粒子自由沉降。实际粒子往往并非球形，故测得的只能称为粒子的相当半径。

三、仪器与试剂

仪器：JN-A-500 型扭力天平（0～500mg）1 台；玻璃沉降筒及恒温水夹 1 套；秒表 1 只；小平盘；搅拌器；500ml、10ml 量筒各 1 个；400ml 烧杯 1 个。

试剂：碳酸钙粉末；5% 焦磷酸钠溶液（或 5% 阿拉伯树胶溶液）。

四、实验步骤

1. 调整好天平的水平，打开开关 1，调整转盘 2，当天平达到平衡时，平衡指针 4 应与零线重合，指针 3 的读数即为所称的质量。

2. 沉降筒中装好经煮沸冷却后的蒸馏水 500ml，5% $Na_4P_2O_7$ 6ml（5% 阿拉伯树胶 2ml）；将平盘挂在天平臂 5 上，悬于沉降筒正中，平盘距沉降筒底约 20mm，打开开关 1，转动 2 使指针 3 指零，打开 2 的调零盖，用螺丝刀转动调零螺钉，使平衡指针 4 与零线重合，同时从沉降筒壁的标尺上读出平衡时平盘至水面的高度 h，然后取出平盘，记下水温。

3. 在台秤上称取约 3g 碳酸钙粉末，在研钵中研细后（3～5min）置于 400ml 烧杯中。

4. 将量筒中的水倒入烧杯中，往返倾倒数次，使 $CaCO_3$ 粉末在整体液体中分布均匀后，迅速将沉降筒放在天平侧原位，将平盘侵入筒内并挂在钩上，在平盘侵入液体 1/2 深度时打开秒表，开始计时。

5. 不断转动 2，称量沉降在小盘上的重量，使平衡指针时时处于零线，在 30s 时读第一沉降重量，以后的读数时间皆为前一次时间的 $\sqrt{2}$ 倍，即 42s、1min、85s、2min ……直到大部分液体基本变清（约需 2.5h），相邻二读数值变化很小为止。

6. 结束实验，关闭天平，清洗沉降筒及小盘。

在实验中应注意将小盘侵入沉降筒中时，使其位置在横截面中心，并保持水平，靠近筒壁的颗粒在沉降时不遵守 Stokes 公式，同时，底盘不能有气泡。

五、数据处理

1. 将实验数据根据有关公式求得各有关数据后填入表 3 − 3 内。

表 3 − 3　沉降分析数据

气压_____　实验室温：_____℃

序号	读数时间 t (s)	沉降量 G (mg)	沉降速率 u_i (cm/s) $\left(u_i = \dfrac{h}{t_i}\right)$	粒子半径 r_i (cm)	$\gamma_{平均} = \dfrac{r_i + r_{i+1}}{2}$	$\Delta r_i = r_i - r_{i+1}$	ΔG_i	$f(r) = \dfrac{\Delta G_i}{G_\infty \Delta r_i}$

2. 以沉降时间 t 为横坐标，沉降量 G 为纵坐标，作出光滑的沉降曲线，沉降量的极限值 G_∞ 可用作图法求得，即在沉降曲线轴左作 $G - \dfrac{A}{t}$ 图（A 为任意常数，例如令 $A = 1000$），由 t 值较大的各点作直线外推与纵轴相交，即为 G_∞，如图 3 − 4 所示。

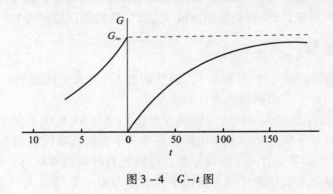

图 3 − 4　$G - t$ 图

3. 在沉降曲线上过适当的点（一般取 12 ～ 15 个点）作切线交于纵轴，求得各 ΔG_i，同时求得各点的沉降速率 u_i 和粒子半径 γ_i。

4. 以 $\gamma_{平均}$ 对 $\dfrac{\Delta G_i}{G_\infty \Delta \gamma_i}$ 作图，绘出粒子分布曲线。

六、思考题

1. 如果粒子不是球形的，则测得的粒子半径意义如何？如果粒子之间有聚结现象，对测定有何影响？

2. 粒子含量太多，或粒子半径太小或太大，对测定有何影响？

3. 什么原因会引起液体对流？什么原因会引起粒子聚结？如何减少它们对测定的影响。

七、预习要求

沉降分析的基本原理。

实验三 等电聚焦电泳鉴别紫苏子及其混伪品莘苣子

一、实验目的

1. 掌握等电聚焦电泳方法的原理。
2. 学习并初步掌握用聚丙烯酰胺凝胶等电聚焦法。
3. 应用该电泳方法鉴别中药紫苏子及其混伪品。

二、实验原理

等电聚焦（isoelectric focusing，IEF）又称为聚焦电泳（focusing electrophoresis）。凝胶等电聚焦，一般是指用聚丙烯酰胺凝胶作抗对流介质，利用两性电解质载体"Ampholine"在直流电场能形成稳定的 pH 梯度，使具有不同等电点的混合样品（如蛋白质等）分开并浓缩，即聚焦的一种电泳方法。

等电聚焦电泳中，常用的两性电解质 Ampholine 是脂肪族、多胺基、多羟基化合物的异构物和同系物的混合品，它们的等电点各各相异，又相互接近。其 pH 范围在 2.5～11 之间。在电泳过程中，Ampholine 被电极液限制在凝胶中，在电场的作用下，它们将按照其等电点，由大到小，从阴极到阳极，自动排列。结果导致在凝胶内形成 1 个稳定而连续的 pH 梯度。

中药果实种子和动物类药材富含蛋白质。这种蛋白质也属于两性电解质，它带电荷的性质和多少，随药材种类不同而异并随其所处的环境的 pH 而变化。在 1 个连续 pH 梯度中，蛋白质处在 pH 值低于等电点的位置时，它带正电荷，在电场中向阴极方向泳动；处在 pH 高于其等电点的位置时它带负电荷，在电场中向阳极泳动。这两种方向的泳动，实际上都是向与其等电点相同的 pH 位置迁移。在迁移过程中，所带的净电荷随环境 pH 的变化逐渐减少，泳动越来越慢，当迁移到与其等电点相同的 pH 位置时，净电荷减少到零，因此就停留在这个位置上，聚集在一起，这就是"聚焦"。这种各种不同等电点的蛋白质，最后都到达各自相应等电点的位置。（图 3－5）

本实验利用 IEF 技术对紫苏子及混淆品两者含有的蛋白质类成分进行分析，依据其电泳谱带的明显差异对两者作出准确鉴定。

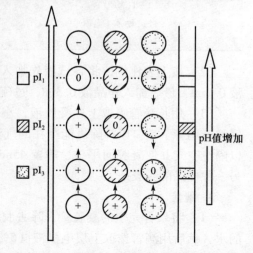

图 3－5 蛋白质在电场中等电聚焦示意图

三、仪器与试剂

仪器：ECP－2000 型电泳仪（圆盘电泳槽见图 3－6）。

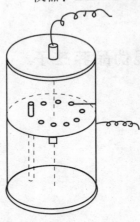

试剂：丙烯酰胺（Acr）；甲叉双丙烯酰胺（Bis）；过硫酸铵（钾）；四甲基乙二胺（TEMED）；考马斯亮蓝 R$_{250}$；两性电解质 Ampholine（pH 为 3.5～10）；5% 磷酸缓冲液；5% 乙二胺缓冲液；0.9% 氯化钠溶液，20% 三氯乙酸等。

3－6 DYY－27A 型圆盘电泳槽

四、实验步骤

1. 凝胶系统溶液的配制

（1）称取 Acr 30g，Bis 0.8g 于 100ml 容量瓶内定容至刻度，得 30.8% 的凝胶母液。

（2）饱和过硫酸铵（钾）溶液。

（3）10% 的四甲基乙二胺溶液：取 5ml TEMED 液稀释至 50ml，得到 10% 的 TEMED 溶液。

（4）样品溶液的配置：分别称取紫苏子和荠苎子 0.6g，置不同的研钵中研细，再加入 0.9% 氯化钠溶液 5ml，用力研磨成匀浆并在离心机中（3500r/min）离心 15min。取上清液装入半透膜进行透析脱盐（8～10h）。（注意样品编号）

2. 制胶

（1）将干净的细玻璃管（0.5cm×10cm）用带短玻璃棒的乳胶管封闭其下端，垂直立于玻璃管架上。

30.8% 凝胶母液	2ml
两性电解质	0.3ml
蒸馏水	3ml
10% TEMED	0.1ml
过硫酸钾（饱和）	0.1ml
样品液	0.3ml

（2）按上表比例，将各试液先加入 20ml 烧杯中加完蒸馏水后，再加 10% TEMED 液 0.1ml，最后加入样品液 0.3ml，过硫酸钾（饱和）液 0.1ml。摇匀即得凝胶液。

（3）用长滴管吸取上述凝胶液，小心滴加到玻璃管内，使凝胶层达 8cm，用手指轻弹玻璃管下端，以排除可能存在的气泡，随后加入适量的水封口（水层厚度 1cm），以隔绝空气并使凝胶面平整，静置 45min 使凝胶完全聚合。按同样的方法，制备含有另一种样品的凝胶条。

3. 聚焦

（1）将聚合完全的凝胶管，除去胶管下端的带短棒的乳胶管，并用吸管吸去上端的水，然后用滴管选取上层电极液（5% 的磷酸缓冲液），洗涤胶管的上端 3 次，吸取下电极液（5% 的乙二胺液）洗涤胶条的下端 3 次，洗涤后将玻璃管按统一的方法插入电极槽底板内各同心橡皮圆孔内，并密封好此圆孔。

（2）按要求加电极液，上、下电极液不得搞混弄错，排除上、下管口所留有的气泡，上电极槽内电极液要能浸没凝胶管，下电极槽使电极液浸入凝胶管3/5为宜。

（3）通电聚焦：按上（＋）、下（－）接通电源，调整电流达2.1mA，每管3～3.5mA，聚焦3h以上，直到电流变小且恒定在0的位置，切断电源。

（4）细心取出胶条，并注意标好凝胶条两端的极性。

4. 凝胶条的处理

将取出的胶条立即用20%的三氯乙酸固定30min，则胶柱上就会出现样品蛋白质的"聚焦"谱带（为便于观察可用考马斯亮蓝染色）。

五、数据处理

根据"聚焦"谱带的差异对紫苏子及混淆品作出鉴别。

六、思考题

1. 在IEF中，稳定的pH梯度是如何建立的？

2. IEF中，为何可以把样品液混入凝胶母液，这样的点样方法有何优点？

3. IEF中，当"聚焦"完成后继续进行一定时间的电泳，样品是否会距到电极液中去？

七、预习要求

等电聚焦电泳方法的原理。

实验四　中药的离子透析

一、实验目的

掌握离子透析的原理。

二、实验原理

近年来临床上常用中药通过离子透析的方式来治疗疾病，此法对某些疾病的疗效很显著，在治疗中无不适之感，易于被人们所接受。

该法的治疗原理是在电场的作用下，药液中的离子向电性相反的电极迁移，离子在迁移过程中透过皮肤进入机体内部，起到治疗作用。然而，凡是起到治疗作用的离子不论是阳离子还是阴离子，都必须能透过皮肤，否则起不到治疗疾病的作用。

确定某一药物是否可用于离子透析法治疗，决定于两点：有效成分必须是离子；粒子大小必须小于或等于1nm。

本实验的根据是，皮肤是半透膜，人造的火棉胶也是一种半透膜，其特点是允许某些离子自由通过，而有些离子如高分子离子则不能通过。其通透性和皮肤相似，可用火棉胶代替皮肤作探讨。

三、仪器与试剂

仪器：电泳仪 1 台；直流稳压电源 1 台；电导率仪 1 台；安培计 1 台；秒表 1 个；石墨电极（或铂电极）2 个；电键、导线若干；1000ml 烧杯 6 个；100ml 烧杯 3 个；50ml 量筒 1 个。

试剂：乙醚；无水乙醇；硝化纤维（火棉胶）；黄芪；当归；二花。

四、实验步骤

1. 测定自来水的电导　将 50ml 自来水装入 100ml 烧杯中，测定其电导率。

2. 测定蒸馏水的电导　将 50ml 蒸馏水装入 100ml 烧杯中，测定其电导率。

3. 药液的制备　取 50g 黄芪置于 1000ml 烧杯中，加入 500ml 蒸馏水煎煮 30min，减压抽滤，取滤液备用。同法分别制备当归、二花药液。

4. 药液电导率的测定　将 50ml 黄芪煎煮液装入 100ml 烧杯中，测定其电导率。同法分别测定当归、二花煎煮液的电导率。

5. 中药离子透析液电导率的测定　在制备好的 2 个半透膜袋中均装入 3ml 的黄芪煎煮液，分别放入已注入一定量蒸馏水的电泳仪中（图 3-7），使液面距电泳仪管口约 3cm，于不同时间时测定其（无电场存在时的）电导率。然后将两电极插入到电泳仪两侧的支管中，按图 3-7 接好线路接通电路，再于不同时间（0min、5min、10min、15min、20min、25min、30min）时测定其（有电场存在时的）电导率。

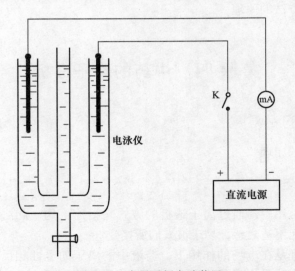

图 3-7　离子透析实验装置

用同样的方法分别测定当归、二花的电导率。

五、数据记录

记录实验数据并填入表 3-4、表 3-5、表 3-6、表 3-7 中。

表 3 – 4　不同液体的电导率

样品名称	电导率（S/m）
自来水	
蒸馏水	
黄芪煎煮液	
当归煎煮液	
二花煎煮液	

表 3 – 5　黄芪透析液电导率

无电场透析		有电场透析	
时间（min）	电导率（S/m）	时间（min）	电导率（S/m）

表 3 – 6　当归透析液电导率

无电场透析		有电场透析	
时间（min）	电导率（S/m）	时间（min）	电导率（S/m）

表 3 – 7　二花透析液电导率

无电场透析		有电场透析	
时间（min）	电导率（S/m）	时间（min）	电导率（S/m）

六、思考题

为什么从皮肤给药能起到治疗疾病的效果？

七、预习要求

1. 了解离子透析的原理。
2. 了解半透膜的制备方法。

附：半透膜的制备方法

仪器：锥形瓶 2 个；10ml 试管 3 支；50ml 烧杯 1 个。

火棉胶的配方：硝化纤维（火棉胶）1g；乙醚 15ml；无水乙醇 15ml。

制备方法：取干洁的烧杯，放入 1g 火棉胶，立即倒入 15ml 乙醚和 15ml 乙醇，搅匀，即无气泡时，静置一会儿待用。可先准备好仪器。选 1 支锥形瓶和 6 个试管，洗净烘干。冷后，在锥形瓶中倒入火棉胶液，小心转动锥形瓶，使火棉胶黏附在锥形瓶内壁形成均匀薄层。倾出多余的火棉胶液于试管中，此时锥形瓶需倒置在滤纸上，并不断旋转，待剩余的火棉胶液流尽。同样操作把火棉胶液依次倒入 3 支试管中，最后 1 支试管的火棉胶液倒入原烧杯中。然后，将锥形瓶及试管中的溶剂挥发尽（可用电吹风的冷风吹锥形瓶及试管口，加速挥发），直到嗅不出乙醚的味为止。此时，用手指轻轻触及火棉胶膜，已不粘手。若还有乙醚未挥发完，可再用热风吹 2～3min。将锥形瓶及试管放正，往其中注蒸馏水至满。若乙醚未挥发完全，加水过早，则半透膜呈白色，则不能使用。若吹风时间过长，易使膜变得干硬，易裂开。将膜浸入水中约 10min，使膜中剩余的乙醇溶去，倒去瓶中及试管中的水，然后用小刀在瓶口及试管口将膜隔开，用手指轻挑即可使膜与瓶壁脱离，再慢慢地注入水于夹层，使膜脱离瓶壁，轻轻取出即成膜袋。膜袋灌水而悬空，袋中的水应能逐渐渗出，否则不符合要求，需重新制备。

制好的半透膜，不用时要保存在蒸馏水中，否则发脆，且渗透能力显著降低。

第一节 旋光度的测量技术和设备

一、旋光度、比旋光度

当一束单一的平面偏振光通过含有光学活性物质的液体或溶液时，其振动方向会发生改变，此时光的振动面旋转一定的角度，这种现象称为旋光现象。偏振光旋转的度数称为旋光度。物质的这种使偏振光的振动面旋转的性质叫做旋光性，具有旋光性的物质叫做旋光性物质或旋光物质。许多天然有机物都具有旋光性。旋光度有右旋、左旋之分，偏振光向右旋转（顺时针方向）称为"右旋"，用符号"+"表示；偏振光向左旋转（逆时针方向）称为"左旋"，用符号"-"表示，所以旋光物质又可分为右旋物质和左旋物质。

由单色光源（一般用钠光灯）发出的光，通过起偏棱镜（尼柯尔棱镜）后，转变为平面偏振光（简称偏振光）。当偏振光通过样品管中的旋光性物质时，振动平面旋转一定角度。调节附有刻度的检偏镜（也是1个尼柯尔棱镜），使偏振光通过，检偏镜所旋转的度数显示在刻度盘上，此即样品的实测旋光度 α。物质的旋光度因实验条件的不同（温度、溶剂、浓度、旋光管长度、光源波长）而有很大的差异，为了比较不同物质的旋光能力的强弱，常用比旋光度来表示物质的旋光性。规定以钠光 D 线作为光源，温度为20℃，样品管长为10cm，浓度为每1ml 中含有1g 旋光物质，此时所产生的旋光度，即为该物质的比旋光度，通常用符号 $[\alpha]_t^D$ 表示。D 表示光源，t 表示温度。比旋光度和旋光度的关系如下：

$$[\alpha]_t^D = \frac{10\alpha}{lc} \qquad (4-1)$$

式中，α 为旋光度；l 为液层厚度（cm）；c 为溶液的浓度（g/ml）。

比旋光度是旋光性物质的物理常数之一。通过测定旋光度，可以鉴定物质的纯度、测定溶液的浓度、密度和鉴别光学异构体。

二、手动旋光仪的测试原理、构造和读数

1. 手动旋光仪的测试原理

普通光源发出的光称自然光，其光波在垂直于传播方向的一切方向上振动，如果我们借助某种方法，从这种自然聚集体中挑选出只在平面内的方向上振动的光线，这种光线称为偏振光。尼柯尔（Nicol）棱镜就是根据这原理设计的。旋光仪的主体是两块尼柯尔棱镜，尼柯尔棱镜是将方解石晶体沿一对角面剖成两块直角棱镜，再由加拿大树脂沿剖面粘合起来。如图 4-1 所示。

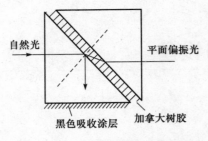

图 4-1 尼柯尔棱镜的起偏原理

当光线进入棱镜后,分解为两束相互垂直的平面偏振光,一束折射率为 1.658 的寻常光,一束折射率为 1.486 的非寻常光,这两束光线到达方解石与加拿大树脂粘合面上时,折射率为 1.658 的一束光线就被全反射到棱镜的底面上(因加拿大树脂的折射率为 1.550)。若底面是黑色涂层,则折射率为 1.658 的寻常光将被吸收,折射率为 1.486 的非寻常光则通过树脂而不产生全反射现象,就获得了一束单一的平面偏振光。折射光线与晶体光轴所构成的平面称为主截面(也可称透射面)。

若在 1 个尼柯尔棱镜后另置一尼柯尔棱镜,两者主截面互相平行,由第一尼柯尔棱镜(称为起偏镜)出来的偏振光射达第二尼柯尔棱镜(称为检偏镜)的偏振光全能通过;当两个主截面互相垂直,则由起偏镜射到检偏镜的偏振光将全不能通过;当两个主截面的夹角(θ 角)介于 0° 与 90° 之间,透过光强将被减弱,如图 4-2 所示。一束振幅为 E 的 OA 方向的平面偏振光,可以分解成为互相垂直的两个分量,其振幅分别为 $E\cos\theta$ 和 $E\sin\theta$。但只有与 OB 重合的具有振幅为 $E\cos\theta$ 的偏振光才能透过检偏镜,透过检偏镜的振幅为 $OB = E\cos\theta$,由于光的强度 I 正比于光的振幅的平方,因此:

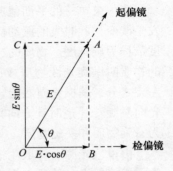

图 4-2 偏振光强度

$$I = OB^2 = E^2\cos^2\theta = I_0\cos^2\theta \qquad (4-2)$$

式中,I 为透过检偏镜的光强度;I_0 为透过起偏镜的光强度。当 $\theta = 0°$ 时,$E\cos\theta = E$,此时透过检偏镜的光最强。当 $\theta = 90°$ 时,$E\cos\theta = 0$,此时没有光透过检偏镜,光最弱。旋光仪就是利用透光的强弱来测定旋光物质的旋光度。

旋光仪的结构示意图如图 4-3 所示。其中,S 为钠光光源,N_1 为起偏镜,N_2 为一块石英片,N_3 为检偏镜,P 为旋光管(也称为样品管,盛放待测溶液),A 为目镜的视野,N_3 上附有刻度盘,当旋转 N_3 时,刻度盘随同转动,其旋转的角度可以从刻度盘上读出。

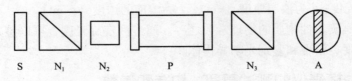

图 4-3 旋光仪光学系统

若转动 N_3 的透射面与 N_1 的透射面相互垂直,则在目镜中观察到视野呈黑暗。若在旋光管中盛以待测溶液,由于待测溶液具有旋光性,必须将 N_3 相应旋转一定的角度 α,目镜中才会又呈黑暗,α 即为该物质的旋光度。但人们的视力对鉴别二次全黑相同的误差较大(可差 4°~6°),因此设计了一种三分视野或二分视野,以提高人们观察的精确度。为此,在 N_1 后放一块狭长的石英片 N_2,其位置恰巧在 N_1 中部。石英片具有旋光性，偏振光经 N_2 后偏转了一角度 α，在 N_2 后观察到的视野如图 4 – 4a。OA 是经 N_1 后的振动方向，OA' 是经 N_1 后再经 N_2 后的振动方向，此时视野中出现三分视场，中间较左右两侧亮些，α 角称为半荫角。如果旋转 N_3 的位置使其透射面 OB 与 OA' 垂直，则经过石英片 N_2 的偏振光不能透过 N_3。目镜视野中出现中部黑暗而左右两侧较亮，如图 4 – 4b 所示。如调节 N_3 位置使 OB 的位置恰巧在图 4 – 4a 和图 4 – 4b 的情况之间，则可以使视野三部分明暗相同，如图 4 – 4c 所示。此时 OB 恰好垂直于半荫角的角平分线 OP。由于人们视力对选择明暗清晰的三分视野易于判断，因此在测定时先在 P 管中盛无旋光性的蒸馏水，转动 N_3，调节至三分视野明暗度相同，此时的读数作为仪器的零点。当 P 管中盛具有旋光性的溶液后，由于 OA 和 OA' 的振动方向都被转动过某一角度，只有相应地把检偏镜 N_3 转动某一角度，才能使三分视野的明暗度相同，所得读数与零点之差即为被测溶液的旋光度。测定时若需将检偏镜 N_3 顺时针方向转某一角度，使三分视野明暗相同，则被测物质为右旋。反之则为左旋，常在角度前加负号表示。

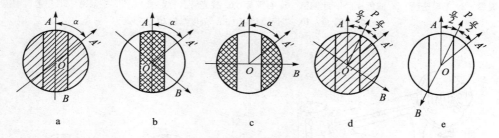

图 4 – 4 旋光仪的测量原理

若调节检偏镜 N_3 使 OB 与 OP 重合，如图 4 – 4d 所示，则三分视野的明暗也应相同，但是 OA 与 OA' 在 OB 上的光强度比 OB 垂直 OP 时大，三分视野特别亮。由于人们的眼睛对弱亮度变化比较灵敏，调节亮度相等的位置更为精确。所以总是选取 OB 与 OP 垂直的情况作为旋光度的标准。

2. 手动旋光仪的构造和读数

手动旋光仪的示意及外形图如图 4 – 5、图 4 – 6 所示。为便于操作，手动旋光仪的光学系统以倾斜 20° 安装在基座上。光源采用 20W 钠光灯（波长 $\lambda = 589.44$nm）。钠光灯的限流器安装在基座底部，无需外接限流器。仪器的偏振器均为聚乙烯醇人造偏振片。三分视界是采用劳伦特石英板装置（半波片）。转动起偏镜可调整三分视场的影阴角（仪器出厂时调整在 3.5° 左右）。仪器采用双游标读数，以消除度盘偏心差。度盘分 360 格，每格 1°，游标分 20 格，等于度盘 19 格，用游标直接读数到 0.05°（图 4 – 7）。刻度盘和检偏镜固定一体，借手轮能作粗、细转动。游标窗前方装有两块 4 倍的放大镜，供读数时用。

三、自动指示旋光仪结构及测试原理

目前国内生产的旋光仪，其三分视野检测、检偏镜角度的调整，采用光电检测器，通过电子放大及机械反馈系统自动进行，最后数字显示，这种仪器具有体积小、灵敏度高、读数方便、减少人为观察三分视野明暗度相等时产生的误差，对低旋光度样品也能适应的优点。WZZ – 1 自动旋光仪，其结构原理如图 4 – 8 所示。

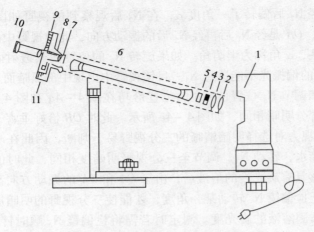

图 4-5 圆盘旋光仪（手动）

1. 光源 2. 汇聚透镜 3. 滤色片 4. 起偏镜 5. 石英片 6. 旋光管（样品管） 7. 检偏镜 8. 望远镜物镜
9. 刻度盘 10. 望远镜目镜 11. 刻度盘转动手轮

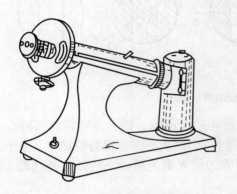

图 4-6 手动旋光仪外形

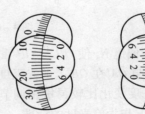

图 4-7 圆盘旋光仪读数示意图
（旋光物质的旋光度α = 9.30°）

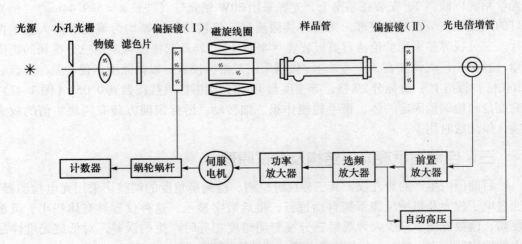

图 4-8 自动旋光仪原理示意图

该仪器以 20W 钠光灯作光源，由小孔光栅和物镜组成 1 个简单的光源平行光管，平行光经偏振镜（Ⅰ）变为平面偏振光，当偏振光经过有法拉第效应的磁旋线圈时，其振动面产生 50Hz 的一定角度的往复摆动。通过样品后偏振光振动面旋转 1 个角度，光线经过偏振镜（Ⅱ）投射到光电倍增管上，产生交变的电讯号，经功率放大器放大后显示读数。仪器示数平衡后，伺服电机通过蜗轮蜗杆将偏振镜（Ⅰ）反向转过 1 个角度，补偿了样品的旋光度，仪器回到光学零点。

四、影响旋光度测定因素

1. 溶剂的影响

旋光物质的旋光度主要取决于物质本身的构型。另外，与光线透过物质的厚度、测量时所用的光的波长和温度有关。被测物质是溶液，则影响因素还包括物质的浓度，溶剂可能也有一定的影响，因此旋光物质的旋光度，在不同的条件下，测定结果往往不一样。由于旋光度与溶剂有关，故测定比旋光度 $[\alpha]_t^D$ 值时，应说明使用什么溶剂，如不说明一般指水为溶剂。

2. 温度的影响

温度升高会使旋光管长度增大，但降低了液体的密度。温度的变化还可能引起分子间缔合或离解，使分子本身旋光度改变，一般说，温度效应的表达式如下。

$$[\alpha]_t^\lambda = [\alpha]_{20°}^\lambda + Z(t-20) \tag{4-3}$$

式中，Z 为温度系数；t 为测定时温度。

各种物质的 Z 值不同，一般均在 $-0.01/1℃ \sim -0.04/1℃$ 之间。因此测定时必须恒温，在旋光管上装有恒温夹套，与超级恒温槽配套使用。

3. 浓度和旋光管长度对比旋光的影响

在固定的实验条件下，通常把旋光物质的旋光度与旋光物的浓度成正比，因此视比旋光度为一常数，但是旋光度和溶液浓度之间并非严格地呈线性关系，所以旋光物质的比旋光度严格地说并非常数，在给出 $[\alpha]_t^\lambda$ 值时，必须说明测量浓度，在精密的测定中比旋光度和浓度之间的关系一般可采用拜奥特（Biot）提出的三个方程式之一表示。

$$[\alpha]_t^\lambda = A + Bq \tag{4-4}$$

$$[\alpha]_t^\lambda = A + Bq + Cq^2 \tag{4-5}$$

$$[\alpha]_t^\lambda = A + \frac{Bq}{C+q} \tag{4-6}$$

式中，q 为溶液的百分浓度；A、B、C 为常数。式（4-4）代表一条直线，式（4-5）为一抛物线，式（4-6）为双曲线。常数 A、B、C 可从不同浓度的几次测量中加以确定。

旋光度与旋光管的长度成正比。旋光管一般有 10cm、20cm、22cm 三种长度。使用 10cm 长的旋光管计算比旋光度比较方便，但对旋光能力较弱或者较稀的溶液，为了提高准确度，降低读数的相对误差，可用 20cm 或 22cm 的旋光管。

五、旋光仪的使用

1. 手动圆盘旋光仪的使用

（1）接通电源，约10min后，待完全发出钠黄光后才能够使用。

（2）将装有蒸馏水或其他空白溶剂的试管放入样品室，盖上箱盖，调节视度圆盘螺旋至视场中三分视野暗均匀，从放大镜中读出度盘所旋转的角度，记录读数，旋光管安放时应注意标记的位置和方向。

（3）取出旋光管。将待测样品注入旋光管，按相同的位置和方向放入样品室内，盖好箱盖，调节视度圆盘螺旋至视场中三分视野暗均匀，从放大镜中读出度盘所旋转的角度，记录读数。

2. WZZ－1型自动旋光仪的使用方法

（1）将仪器电源插头插入220V交流电源。

（2）打开电源开关，这时钠光灯应启亮，需经5min钠光灯预热，使之发光稳定。（图4－9）

（3）打开光源开关。

（4）打开测量开关，这时数码管应有数字显示。

（5）将装有蒸馏水或其他空白溶剂的试管放入样品室，盖上箱盖，待示数稳定后，按清零按钮。试管中若有气泡，应先让气泡浮在凸颈处；试管螺帽不宜旋得过紧，以免产生应力，影响读数。旋光管安放时应注意标记的位置和方向。

（6）取出旋光管。将待测样品注入旋光管，按相同的位置和方向放入样品室内，盖好箱盖。仪器数显窗将显示出该样品的旋光度。

（7）逐次揿下复测按钮，重复读几次数，取平均值作为样品的测定结果。

（8）仪器使用完毕后，应依次关闭测量、光源、电源开关。

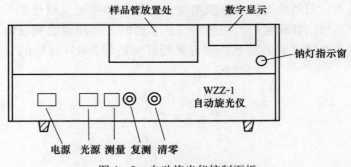

图4－9　自动旋光仪控制面板

第二节　温度、温标与温度计

热效应的测量一般是通过温度的测量来实现的。温度是表征分子无规则运动的强度大小，即分子平均动能大小的物理量。当两个不同温度的物体相接触时，必然有能量以热能形式由高温物体传递至低温物体，当两物体处于热平衡时，温度就相同。这就是温度测量的基础。温度的量值与温标的选定有关。

温度是表征物体冷热程度的 1 个物理量。温度参数是不能直接测量的，一般只能根据物质的某些特性值与温度之间的函数关系，通过对这些特性参数的测量间接地获得。

测量温度的仪表称为温度计，按照测量方式的不同分为接触式与非接触式两类。

（1）接触式测量　即两个物体接触后，在足够长的时间内达到热平衡（动态平衡）后，两个互为热平衡的物体温度相等。如果将其中 1 个选为标准，当做温度计使用，它就可以对另 1 个物体实现温度测量，这种测温方式称为接触式测温。

（2）非接触式测量　即选为标准并当做温度计使用的物体，与被测物体相互不接触，利用物体的热辐射（或其他特性），通过对辐射量或亮度的检测实现测量，这种测温方式称为非接触式测温。

一、温标

1. 摄氏温标和气体温标

温度的数值表示方法叫温标。给温度以数值表示，就是用某一测温变量来量度温度。这个变量必须是温度的单值函数。例如，在玻璃液体温度计中，我们以液柱长度作为测温变量。如果以 y 表示测量变量，θ 表示相应的温度，则应有

$$y = f(\theta) \tag{4-7}$$

y 是 1 个单值函数。为了方便，把上述函数形式定义为简单的线性关系，即

$$y = K\theta + C \tag{4-8}$$

式中 K、C 为常数。要确定常数 K、C，需要两个固定点温度，θ_1 和 θ_2 叫做基本温度。这两个温度之间的间隔叫做基本间隔。K、C 值确定后，这个温标就完全决定了。对一任意温度 θ，可以通过测量测温变量 y 来求得

$$\theta = \theta_1 + \frac{y - y_1}{y_2 - y_1}(\theta_2 - \theta_1) \tag{4-9}$$

在摄氏温标中，如果以水的冰点为 0℃，沸点为 100℃，则

$$\theta = \frac{y - y_1}{y_2 - y_1} \times 100(℃) \tag{4-10}$$

在玻璃液体温度计中，测温变量是液柱长度 L，所以

$$\theta = \frac{L - L_0}{L_{100} - L_0} \times 100(℃) \tag{4-11}$$

摄氏温标以水的冰点（0℃）和沸点（100℃）为两个定点，定点间分为 100 等份，每 1 等份为 1℃。这样确定的温标解决了温度测量的数值表示问题，但是也有明显的缺陷。例如，用乙醇、甲苯和戊烷分别制成 3 支温度计，然后将它们在固定点 -78.5℃和 0℃上分度，再将间隔均匀地划分为 78.5 分度，每分度为 1℃。假如把这 3 支温度计同时放入 1 个搅拌良好、温场均匀的恒温槽中，我们可以看到当槽温为 -50℃时，乙醇温度计为 -50.7℃，甲苯温度计为 -51.1℃，戊烷温度计为 -52.6℃。当槽温 -20℃时，乙醇为 -20.8℃，甲苯为 -21℃，戊烷为 -22.4℃。为什么这 3 支温度计所规定的温标有这样大的差别呢？这是由于把这三种液体的膨胀系数都当做与温度无关的常数，简单地用线性函数来表示温度与液柱长度的关系。实际上液体的膨胀系数是随温度改变的。所定的温标除定点相同外，在其他温度往往有微小的差别。为了避免这些差异，

提高温度测量的精确度，必须选用理想气体温标（简称气体温标）作为标准，因为理想气体的膨胀系数在不同温度时仍是相同的，其他温度计必须用它校正才能得到可靠的温度。

气体温度计有两种，一是定压气体温度计，一是定容气体温度计。定压气体温度计的压强保持不变，而用气体体积的改变作为温度标志，这样所定的温标用符号 t_p 表示，根据上面所说的线性函数法则，得到 t_p 与气体体积的关系为：

$$t_p = \frac{V - V_0}{V_1 - V_0} \times 100 \qquad (4-12)$$

式中，V 为气体在温度 t_p 时的体积；V_0 为冰点时的体积；V_1 为沸点时的体积。

定容气体温度计使体积保持不变，而用气体压强作为温度标志，这样所定的温标用符号 t_v 表示。根据线性函数法则，得到 t_v 与气体压强的关系为：

$$t_v = \frac{p - p_0}{p_1 - p_0} \times 100 \qquad (4-13)$$

式中，p 为气体在 t_v 时压强；p_0 为冰点时压强；p_1 为沸点时的压强。

实验证明，用不同的定容或定压气体温度计所测的温度值都是一样的。在压强趋于零的极限情形下，t_p 和 t_v 都趋于一个共同的极限温标 t，这个极限温标叫做理想气体温标，简称气体温标。

2. 热力学温标

热力学温标是以热力学第二定律为基础的。根据卡诺定理推论可以看出，1 个工作于两个一定温度之间的可逆热机，其效率只与两个温度有关，而与工作物质的性质和所吸收的热量及做功的多少无关。因此效率应当是两个温度 θ_1 和 θ_2 的普适函数，这个函数是对一切可逆热机都适用的。

$$\eta = \frac{W}{Q_1} = 1 - \frac{Q_2}{Q_1} \qquad (4-14)$$

$$\frac{Q_2}{Q_1} = F(\theta_2, \theta_1) \qquad (4-15)$$

式中，$F(\theta_2, \theta_1)$ 为 θ_2、θ_1 的普适函数，与工作物质的性质及热量 Q_2 和 Q_1 的大小无关。

还可以进一步证明这个函数具有下列的形式：

$$F(\theta_2, \theta_1) = \frac{f(\theta_2)}{f(\theta_1)} \qquad (4-16)$$

式中，f 为另一普适函数，这个函数的形式与温标 θ 的选择有关，但与工作物质的性质及热量 Q 的大小无关。因而可以方便地引进一种新温标 T，令 $T \propto f(\theta)$，称为热力学温标。对温标来说，需给予一定的标度。1954 年确定以水的三相点温度 273.16K 作为热力学温标的基本固定点。

从理论上可以证实，热力学温标、理想气体温标是完全一致的。原则上，测量热力学方程式中某一个参量，就可以建立热力学温标。目前常用的实现热力学温标的方法有下列几种。

（1）气体温度计　气体温度计是复现热力学温标的一种重要方法，计温学领域中普遍采用定容气体温度计。这是由于压强测量的精度高于容积测量的精度。同时，定

容式气体温度计又具有较高的灵敏度。定容气体温度计的
结构原理如图4－10所示。测温介质（气体）置于温泡B
中，温泡B用铂合金制成。用毛细管C连接温泡与差压计
M。使用时，调整水银面M′，使它正好与S尖端相接触，
以保证气体的容积为一定值。尖端的上部和毛细管C中的
气体温度与温泡中的气体温度不同，需要加以修正，所以
这一部分的体积称为有害体积。显然有害体积愈小愈好。
当温泡分别处于水的三相点的平衡温度及待测温度时，用
差压计测量相应的气体压强，然后由下式求得

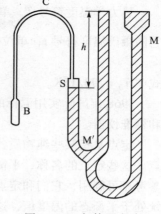

图4－10　气体温度计

$$T = T_3 \lim \frac{(pV)_T}{(pV)_3} \qquad (4-17)$$

式中，$(pV)_T$ 为气体在 T 温度时 pV 的乘积；$(pV)_3$ 为在水
三相点时的乘积；T_3 为水的三相点的温度。

对测量结果需作如下几项修正：①有害体积修正。有害体积中的气体温度与温泡
中的气体温度有差异；②毛细管C中的气体温度存在着温度梯度；③温泡内的压强与
温泡温度有关，压强不同时，温泡、毛细管的体积和有害体积大小都有变化；④当毛
细管的直径与气体分子平均自由程的大小可以比拟时，毛细管中会存在压强梯度；
⑤有微量气体吸附在温泡及毛细管内壁上，温度愈低，吸附量愈大；⑥要考虑差压计
中水银的可压缩性及温度效应。

（2）声学温度计　在低温端，另一种测量热力学温度的重要方法是测量声波在气
体（氦气）中的传播速率，这种测温仪器有时称为超声干涉仪。由于声速是1个强度
量，它与物质的量多少无关，所以用声学温度计测量温度的方法有很大吸引力。

（3）噪声温度计　噪声温度计是一种很有发展前途的测量热力学温度的绝对仪器。
目前，国际上正在进行研究的有两种噪声温度计，即测温到1400K的高温噪声温度计
和十几开到十毫开的低温噪声温度计。

（4）光学高温计和辐射高温计　用直接接触法测金点（1064.43℃）以上的温度是
困难的，不仅要求测温元件难熔，而且要求有良好的稳定性和足够的灵敏度。因而金
点以上的温度测量常用非接触法，即利用物体的辐射特性来测量物体的温度，这样的
温度计称为辐射高温计和光学高温计。

对于4000K以上的高温气体，常用谱线强度方法来测量温度。

3. 国际实用温标

前面讨论了各种测量热力学温度的方法，这些装置都很复杂，耗费也很大，国际
上只有少数几个国家实验室具备这些装置。因而，长期以来各国科学家探索一种实用
性温标，要求它既易于使用，并有高精度的复现，又非常接近热力学温标。最早建立
的国际温标是1927年第七届国际计量大会提出并采用的（简称ITS－27）。其后经历了
几次重大修改，国际温标日趋完善。现行温标是"1968年国际实用温标（1975年修订
版）"，简称IPTS－68（75）。

1968年国际实用温标规定：

热力学温度符号 T，单位开尔文（K），1K 等于水的三相点热力学温度的 $\dfrac{1}{273.16}$，它的摄氏温度符号 t，单位摄氏度（℃），定义为：

$$t_{68} = T_{68} - T_0 \tag{4-18}$$

式中 $T_0 = 273.15\text{K}$。

1968 年国际实用温标的内容（也就是它的定义）包括三方面：即定点、插补公式和标准仪器。

定点是指某些纯物质各相间可复现的平衡态温度的给定值，也就是所定义的固定点。这些定点的名称、平衡状态和给定值如表 4-1 所示。除了定点外，还有其他一些参考点可利用，它们和定点相类似，也是某些纯物质的三相点，或在标准大气压下系统处于平衡态的温度值，这些参考点称为次级参考点，如表 4-2 所示。

表 4-1 IPTS-68 定义固定点

定点的名称	平衡态	国际实用温标给定值	
		T_{68}(K)	t_{68}(K)
平衡氢三相点	平衡氢固态、液态、气态间的平衡	13.81	-259.34
平衡氢 17.042 点	在 33330.6Pa 压力下平衡氢液态、气态的平衡	17.042	-256.108
平衡氢沸点	平衡氢液态、气态间的平衡	20.28	-252.87
氖沸点	氖液态、气态间的平衡	27.102	-246.048
氧三相点	氧固态、液态、气态间的平衡	54.361	-218.789
氧沸点	氧液态、气态间的平衡	90.188	-182.962
水三相点	水固态、液态、气态间的平衡	273.16	0.01
水沸点	水液态、气态间的平衡	373.15	100
锌凝固点	锌固态、液态间的平衡	692.73	419.58
银凝固点	银固态、液态间的平衡	1135.08	961.93
金凝固点	金固态、液态间的平衡	1337.58	1064.43

注：① 除各三相点和 1 个平衡氢点（17.042K）外，温度给定值都是指 p_0 在标准气压下的平衡态。
② 水沸点也可用锡凝固点（$T_{68}=505.1181\text{K}$，$t_{68}=231.9681$℃）来代替。
③ 用的水应有规定的海水同位素成分。

表 4-2 IPTS-68 次级参考点

定点的名称	平衡态	国际实用温标给定值	
		T_{68}(K)	t_{68}(K)
正常氢三相点	正常氢固态、液态、气态间的平衡	13.956	-259.194
正常氢沸点	正常氢液态、气态间的平衡	20.397	-252.753
氖三相点	氖固态、液态、气态间的平衡	24.555	-248.595
氮三相点	氮固态、液态、气态间的平衡	63.148	-210.002
氮沸点	氮液态、气态间的平衡	77.348	-195.802
二氧化碳升华点	二氧化碳固态、气态间的平衡	194.674	-78.476
汞凝固点	汞固态、液态间的平衡	234.288	-38.862
冰点	冰和空气饱和水的平衡	273.15	0
苯氧基苯三相点	苯氧基苯（二苯醚）固态、液态间的平衡	300.02	26.87
苯甲酸三相点	苯甲酸固态、液态、气态间的平衡	395.52	122.37

续表

定点的名称	平衡态	国际实用温标给定值	
		T_{68}（K）	t_{68}（K）
铟凝固点	铟固态、液态间的平衡	429.784	156.634
汞沸点	汞液态、气态间的平衡	629.81	356.66
硫沸点	硫液态、气态间的平衡	717.824	444.674
铜－铝合金熔点	铜、铝合金易溶点固态、液态间的平衡	821.38	548.23
锑凝固点	锑固态、液态间的平衡	903.89	630.74
铜凝固点	铜固态、液态间的平衡	1357.6	1084.5
铂凝固点	铂固态、液态间的平衡	2045	1772
铱凝固点	铱固态、液态间的平衡	2720	2447
钨凝固点	钨固态、液态间的平衡	3660	3887

整个温标（－259.34℃～1064.43℃以上）分成四段，它们分别采用不同的插补公式和标准仪器。标准仪器在定点上分度，而定点间由插补公式建立标准仪器示值与国际实用温标值之间的关系。

（1）在 259.34℃～630.74℃范围内 分为两段。两段所采用的标准仪器都是铂电阻温度计。259.34℃～0℃以下的插补公式是：

$$W(T_{68}) = W_{iCCT-68}(T_{68}) + \Delta W_i(T_{68}) \tag{4-19}$$

式中，$W(T_{68})$ 为电阻比的测量值。

$$W(T_{68}) = \frac{R(T_{68})}{R(273.15K)}$$

要求在 $T_{68} = 373.15$K 时，$W(T_{68}) \geqslant 1.39250$。

$W_{iCCT-68}(T_{68})$ 为标准参考函数，它表示某特定铂的电阻比与温度之间的关系，该关系由气体温度计测得。

$\Delta W_i(T_{68})$ 为偏差函数，$\Delta W_i(T_{68}) = W(T_{68}) - W_{iCCT-68}(T_{68})$。

273.15K（0℃以上）～630.74℃的插补公式是：

$$t_{68} = t' + 0.045\left(\frac{t'}{100}\right)\left(\frac{t'}{100} - 1\right) \times \left(\frac{t'}{419.58} - 1\right)\left(\frac{t'}{630.74} - 1\right) \tag{4-20}$$

式中，t'是为了计算方便引进的中间变量，它的表示式是：

$$t' = \frac{1}{a}\left[W(t') - 1\right] + \delta\left(\frac{t'}{100}\right)\left(\frac{t'}{100} - 1\right)$$

其中的 $W(t') = \dfrac{R(t')}{R(0℃)}$，而 $R(0℃)$ 及常数 a，δ 由水的三相点、沸点（或锡凝固点）和锌凝固点的电阻实测值决定。

（2）630.74℃～1064.43℃范围内 在此范围内所采用的标准仪器是铂铑－铂标准热电偶，插补公式如下：

$$E(t_{68}) = a + bt_{68} + ct_{68}^2 \tag{4-21}$$

式中，$E(t_{68})$ 为铂铑－铂标准热电偶一端为零度，另一端为 t_{68} 时的热电势，热电偶的铂丝纯度 W（100℃）$\geqslant 1.3920$，铂铑丝名义上应含有 10% 铑、90% 铂（质量比）；a、b、c 为常数，由铂电阻温度计在 630.74℃±0.2℃及银、金凝固点测得的 E 值决定。

（3）1064.43℃以上　1064.43℃以上是采用基准光学温度计（或光电光谱高温计）来复现温标的，其插补公式如下：

$$\frac{Le(T_{68})}{Le[T_{68}(Au)]} = \frac{\exp\left[\frac{h}{\lambda T_{68}(Au)}\right] - 1}{\exp\left[\frac{h}{\lambda T_{68}}\right] - 1} \tag{4-22}$$

式中，$Le[T_{68}(Au)]$、$Le(T_{68})$ 为温度为 $T_{68}(Au)$ 和 T_{68} 时黑体光谱辐射亮度；h 为普朗克常数；λ 为波长。

当温度高于 2000℃时，可以通过对吸收玻璃减弱值 A 的测量及计算得到温度值。

我国从 1973 年元旦起正式采用 IPTS-68。

4. 国际温标

国际温标，ITS-90（International Temperature Scale of 1990），区别于国际实用温标 IPTS-68（International Practical Temperature Scale of 1968），是一个国际协议性温标，它与热力学温标相接近，而且复现精度高，使用方便，它的单位为开尔文（K），定义为水三相点的热力学温度的 1/273.16。根据定义，国际摄氏温度的单位也为开尔文。国际温度与国际摄氏温度的换算关系为：t_{90}（℃）$= T_{90}$（K）-273.15。由上式可知，两种温度的实质是一样的，只是起点不同。

二、温度计

（一）水银温度计

水银温度计是常用的测温工具。水银温度计结构简单，价格便宜，具有较高的精确度，直接读数，使用方便。但是易损坏，损坏后无法修理。水银温度计使用范围为 $-35℃ \sim 360℃$（水银的熔点是 $-38.7℃$，沸点是 $356.7℃$），如果采用石英玻璃，并充以 $80 \times 10^5 Pa$ 的氮气，则可将上限温度提至 800℃。高温水银温度计的顶部有个安全泡，防止毛细管内的气体压强过大而引起贮液泡的破裂。

1. 水银温度计的种类和使用范围

（1）一般使用 $-5℃ \sim 105℃$、150℃、250℃、360℃等，每分度 1℃或 0.5℃。

（2）供量热学用　由 $9℃ \sim 15℃$、$12℃ \sim 18℃$、$15℃ \sim 21℃$、$18℃ \sim 24℃$、$20℃ \sim 30℃$等，每分度 0.01℃。目前广泛应用间隔为 1℃的量热温度计，每分度 0.002℃。

（3）测温差的贝克曼温度计　是一种移液式的内标温度计，测量范围 $-20℃ \sim +150℃$，专用于测量温差。

（4）电接点温度计（导电表）　可以在某一温度上接通或断开，与电子继电器等装置配套，可以用来控制温度。

（5）分段温度计　从 $-10℃ \sim 200℃$，共有 24 支。每支温度范围 10℃，每分度 0.1℃，另外有 $-40℃ \sim 400℃$，每隔 50℃1 支，每分度 0.1℃。

2. 水银温度计的使用

（1）水银温度计的校正　对水银温度计来说，主要校正以下三方面。

① 水银柱露出液柱的校正（露茎校正）　以浸入深度来区分，水银温度计有"全浸"、"局浸"两种。对于全浸式温度计，使用时要求整个水银柱的温度与贮液泡的温

度相同,如果两者温度不同,就需要进行校正。对于局浸式温度计,温度计上刻有一浸入线,表示测温时规定浸入的深度。即标线以下水银柱的温度应当与贮液泡相同,标线以上的水银柱温度应与检定时相同。测温时,小于或大于这一浸入深度,或标线以上的水银柱温度与检定时不一样,就需要校正。这两种校正统称为露出液柱校正,也称露茎校正(图4-11)。校正公式如下:

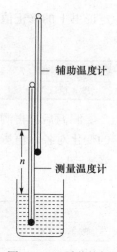

图4-11 露茎校正

$$\Delta t = Kn(t_0 - t_e)$$

式中,K 为水银的视膨胀系数(水银对于玻璃的视膨胀系数为0.00016);n 为水银柱露出待测系统外部分的读数;t_0 为测温温度计的观测读数值;t_e 为露出待测系统外水银柱的环境温度(从放置在露出一半位置处的另一温度计读出)。则

$$t = \Delta t + t_0 \tag{4-23}$$

为温度的正确值。

例4-1 二元气-液平衡实验中,沸点测量用的水银温度计的读数为85℃,环境温度为15℃,露出系统外的水银柱部分为42℃,试求实际温度为多少?

解:$t_0 = 85$ $t_e = 15$ $n = 42$

$$t_0 - t_e = 85 - 15 = 70$$
$$\Delta t = 0.00016 \times 42 \times 70 = 0.47℃$$

所以,真实沸点为85℃ +0.47℃,即85.47℃。

② 零位校正 温度计进行测量温度时,水银球(即贮液泡)也经历了1个变温过程,玻璃分子进行了一次重新排列过程。当温度升高时,玻璃分子随之重新排列,水银球的体积增大。当温度计从测温容器中取出,温度会突然降低。由于玻璃分子的排列跟不上温度的变化,这时水银球的体积一定比使用前大,因此测定它的零位,一定比使用前零位要低。实验证明这一降低值是比较稳定的。零位降低是暂时的,随着玻璃分子的构型缓慢恢复,水银球体积也会逐渐恢复的,这往往需要几天或更长的时间。若要准确地测量温度,则在使用前必须对温度计进行零位测定。

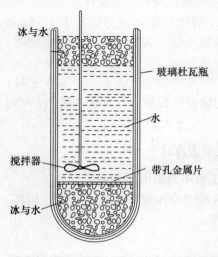

图4-12 冰点校正

检定零位的恒温器称为冰点器。冰点器如图4-12所示。容器为真空杜瓦瓶,起绝热保温作用。在容器中盛以冰、水混合物,但应注意冰中不能有任何盐类存在,否则会降低冰点。对冰、水的纯度应予以特别注意,冰熔化后水的电导率不应超过 10×10^{-5} S/cm(20℃)。

当零位变化值得到后,应依此对原检定证书上的分度修正值作相应修正。

例4-2 1支0℃ ~50℃的水银温度计的检

定证书上的修正值如表4-3所示。

表4-3 水银温度计的检定证书上的修正值

示值（℃）	+0.011	10.000	20.000	30.000	40.000	50.000
改正值（℃）	-0.011	-0.015	-0.020	+0.008	-0.003	0.000

测温后，再测得零位为 +0.019℃，比原来的零位值上升了 +0.008℃，由于零位的变化对各示值影响是相同的，各点的修正值都要相应加上 -0.008℃，即修正值改为表4-4。

表4-4 水银温度计零位修正后的修正值

示值（℃）	+0.011	10.000	20.000	30.000	40.000	50.000
改正值（℃）	-0.019	-0.023	-0.028	-0.000	-0.041	-0.008

测温时，温度计示值 25.040℃时实际值应为：

$$25.040 + \frac{(-0.028) - (0.000)}{10} \times 5.040 = 25.026(℃)$$

③ 分度校正 水银温度计的毛细管内径、截面不可能绝对均匀，水银的视膨胀系数并不是一个常数，而与温度有关。因而、水银温度计温标与国际实用温标存在差异，必须进行分度校正。

标准温度计和精密温度计可由制造厂或国家计量机构进行校正，给予检定证书。实验室中对于没有检定证书的温度计，以标准水银温度计为标准，同时测定某一系统的温度，将对应值一一记录下来，做出校正曲线。也可以纯物质的熔点或沸点作为标准，进行校正。若校正时的条件（浸入的多少）与使用时差不多，则使用时一般不需再作露出部分校正。

（2）水银温度计的使用注意事项

① 在对温度计进行读数时，应注意使视线与液柱面位于同一平面（水银温度计按凸面之最高点读数）。

② 为防止水银在毛细管上附着，所以读数时应用手指轻轻弹动温度计。

③ 注意温度计测温时存在延迟时间，一般情形下温度计浸在被测物质中 1～6min 后读数，延迟误差是不大的，但在连续记录温度计读数变化的实验中要注意这个问题。可用下式进行校正：

$$t - t_m = (t_0 - t_m)e^{-kx} \tag{4-24}$$

式中，t_0 为温度计起始温度；t_m 为被测物温度；t 为温度计读数；x 为浸入时间；k 为常数。

在搅拌良好的条件下，普通温度计 $\frac{1}{k} = 2s$，贝克曼温度计 $\frac{1}{k} = 9s$。

④ 温度计尽可能垂直，以免因温度计内部水银压力不同而引起误差。

水银温度计是很容易损坏的仪器，使用时应严格遵守操作规程。万一温度计损坏，内部水银洒出，应严格按"汞的安全使用规程"处理。

（二）贝克曼温度计

贝克曼温度计是水银温度计的一种，是一种移液式内标温度计，是精密测量温度差值的温度计，不能作温度值的绝对测量。它的测量范围是 $-20℃ \sim +150℃$。贝克曼温度计的结构特点是底部的水银贮球大，顶部有 1 个辅助水银贮槽，用来调节底部水银量，所以同一支贝克曼温度计可用于不同温区的测量，其构造如图 4 – 13。

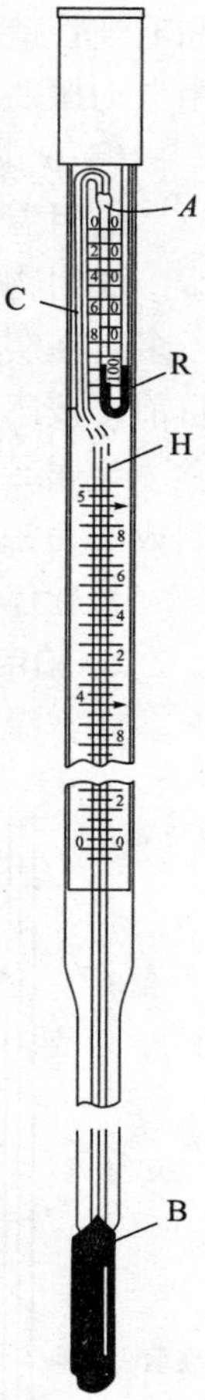

1. 贝克曼温度计的主要特点

（1）它的刻度精细。标尺上的最小分度值是 0.01℃，用放大镜可估读到 0.002℃，测量精密度较高。

（2）在温度计主标尺上，通常只有 0℃ ~5℃或（0℃ ~6℃）的刻度范围，所以量程较短。

（3）与普通水银温度计不同，在它的毛细管 C 的上端加装了 1 个水银贮槽 R，用以调节水银球 B 中的水银量，所以可在不同的温度范围内应用。

（4）水银球 B 中的水银量是可以变的，因此水银柱的刻度值就不是温度的绝对读数，只能在量程范围内读出温度间的差值 ΔT。

（5）由于贮液球中水银量是按照测温范围进行调整的，所以每支贝克曼温度计在不同温区的分度值是不同的。当贮液球中水银量增多，同样 1℃的温差，毛细管中的水银柱将会升得比主标尺示值差 1℃要高；相反，如果贮液球中水银量减少，这时水银柱升高够不上主标尺的 1℃，因而贝克曼温度计不同的温区所得的温差读数必须乘上 1 个校正因子，才能得到真正的温度差，这一校正因子称为在该温区的平均分度值 r。

2. 贝克曼温度计温度量程的调节

（1）将贝克曼温度计浸在温度稍高（约 3℃）于所需温度的恒温浴中，使毛细管 C 内的水银柱上升至 A 点，并在球形出口处形成滴状，然后从水浴中取出温度计，将其倒置，即可使它与贮管 R 中的水银相连接。

图 4 – 13　贝克曼温度计

（2）温度计再放回恒温浴中恒温 5min。

（3）取出温度计，以右手紧握它的中部，使它垂直，用左手轻击右手臂，水银柱即可在 A 点处断开（注意：操作时要远离实验台，以防碰坏温度计）。

（4）将调好的温度计置于待测温度的恒温浴中观察读数数值，并估计量程是否符合要求。若偏差太大，则应按上述步骤重新调试。

（5）也可利用辅助贮槽背面的温度标尺进行调节。

3. 贝克曼温度计使用注意事项

（1）贝克曼温度计由薄玻璃制成，尺寸也较大，易受损坏，所以一般只应放置三处：①安装在使用仪器上；②放置在温度计盒中；③握在手中，不应任意搁置。

（2）调节时，应注意勿让它受剧热或骤冷，还应避免重击。

（3）调节好的温度计，勿使毛细管 C 中的水银柱再与贮槽 R 中的水银相连接。

（4）贝克曼温度计也有热惰性（即温度计的数值并不能把实际温度立刻反应出来的现象），容易造成观察滞后现象。在水银玻璃贝克曼温度计中热惰性往往是由于水银和毛细管壁间的摩擦力引起，故在读数前要用套有橡胶的玻璃棒轻敲温度计，或者使用自动振荡器振动贝克曼温度计，以防止贝克曼温度计的热惰性。

（三）电阻温度计

电阻温度计是利用物质的电阻随温度而变化的特性制成的测温仪器。

任何物体的电阻都与温度有关，因此都可以用来测温；但是能满足实际要求的并不多。在实际应用上，不仅要求有较高的灵敏度，而且要求有较高的稳定性和复现性。目前，按感温元件的材料来分有金属导体和半导体两大类。

金属导体有铂、铜、镍、铁和铑铁合金。目前大量使用的材料为铂、铜和镍。铂制成的为铂电阻温度计、铜制成的为铜电阻温度计，都属于定型产品。

半导体有锗、碳和热敏电阻（氧化物）等。

1. 铂电阻温度计

在常温下铂是对各种物质作用最稳定的金属之一，在氧化性介质中，即使在高温下，铂的物理和化学性能也都非常稳定。此外，现代铂丝提纯工艺的发展，保证它有非常好的复现性能，因而铂电阻温度计是国际实用温标中一种重要的内插仪器。铂电阻与专用精密电桥或电位计组成的铂电阻温度计有极高的精确度。铂电阻温度计感温元件是由纯铂丝用双绕法绕在耐热的绝缘材料如云母、玻璃或石英、陶瓷等骨架上制成的。如图 4 - 14 所示。在铂丝圈的每一端上都焊着两根铂丝或金丝，一对为电流引线，一对为电压引线。

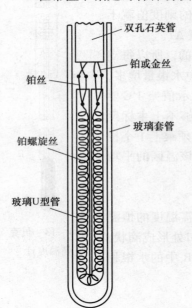

标准铂电阻温度计感温元件在制成前后，均需经过充分仔细清洗，再装入适当大小的玻璃或石英等套管中，进行充氦、封接和退火等一系列严格处理，才能保证具有很高的稳定性和准确度。

2. 热敏电阻温度计

热敏电阻由金属氧化物半导体材料制成。热敏电阻可制成各种形状，如珠形、杆形、圆片形等，作为感温元件通常选用珠形和圆片形。

图 4 - 14　标准铂电阻温度计

（图中标注：双孔石英管、铂或金丝、铂丝、玻璃套管、铂螺旋丝、玻璃U型管）

热敏电阻的主要特点：①有很大负电阻温度系数，因此其测量灵敏度比较高。②体积小，一般只有 $\Phi 0.2 \sim 0.5 mm$，故热容量小，因此时间常数也小，可作为点温、表面温度以及快速变化温度的测量；③具有很大电阻值，其 R_0 值一般为 $10^2 \sim 10^5 \Omega$ 范围，因此可以忽略引接导线电阻，特别适用于远距离的温度测量；④制造工艺比较简单，价格便宜。

热敏电阻的缺点是测量温度范围较窄，特别是在制造时对电阻与温度关系的一致性很难控制，差异大，稳定性较差。作为测量仪表的感温元件就很难互换，给使用和维修都带来很大困难。

热敏电阻与金属导体的热电阻不同，属于半导体，具有负电阻温度系数，其电阻值随温度升高而减小。热敏电阻的电阻与温度的关系不是线性的，可以用下面经验公式表示：

$$R_T = A_e^{\frac{B}{T}} \qquad\qquad (2-19)$$

式中，R_T 为热敏电阻在温度 T 时的电阻值（Ω）；T 为温度（K）；A、B 为常数，它决定于热敏电阻的材料和结构，A 具有电阻量纲，B 具有温度量纲。

在实验中可将热敏电阻作为电桥的 1 个臂，其余 3 个臂是纯电阻，如图 4-15 所示。R_1、R_2 为固定电阻，R_3 为可调电阻，R_T 为热敏电阻。E 为工作电源。在某温度下将电桥调平衡，则没有电讯号输给检流计。当温度改变后，则电桥不平衡，将有电讯号输给检流计，只要标定出检流计光点相应于每 1℃ 所移动的分度数，就可以求得所测温差。

实验时要特别注意防止热敏电阻感温元件的两条引线间漏电，否则将影响所测得的结果和检流计的稳定性。

（四）热电偶

热电偶在化学实验中，是温度测量的常用仪器，它不仅结构简单，制作方便，测温范围广（$-272℃ \sim +2800℃$），而且热容量小，响应快，灵敏度高，它又能直接地把温度量转换成电学量，适宜于温度的自动调节和自动控制。按照热电偶的材料来分，有廉金属、贵金属、难熔金属和非金属四大类：①廉金属中有铁-康铜、铜-康铜、镍铬-镍铝（镍硅）等；②贵金属中有铂铑$_{10}$-铂、铂铑$_{10}$-铂锗$_6$ 及铱铑系，铂铱系等；③难熔金属中有钨铼系、铌钛系等；④非金属中有二碳化钨-二碳化钼、石墨-碳化物等。

1. 热电偶的测温原理

两种不同成分的导体 A 和 B 连接在一起形成一个闭合回路，如图 4-16 所示。当两个接点 1 和 2 温度不同时，例如 $t > t_0$，回路中就产生电动势 $E_{AB}(t, t_0)$，这种现象称为热电效应，而这个电动势称为热电势。热电偶就是利用这个原理来测量温度的。

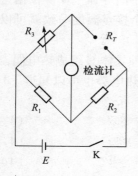

图 4-15　热敏电阻接线图

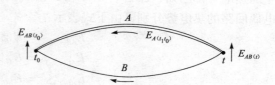

图 4-16　热电偶电动势的产生

导体 A 和 B 称为热电极，温度 t 端为感温部分，称为测量端（或热端），温度 t_0 端为连接显示仪表部分，称为参比端（或冷端）。

热电偶的热电势 $E_{AB}(t、t_0)$ 是由两种导体的接触电势和单一导体的温差电势所组成。有时又把接触电势称为珀尔帖电势，温差电势称为汤姆逊电势。

（1）两种导体的接触电势　各种导体中都存在有大量的自由电子。不同成分的材料其自由电子的密度（即单位体积内自由电子数目）不同，因而当两种不同成分的材料接触在一起时，在接点处就会产生自由电子的扩散现象。自由电子从密度大的金属向密度小的方向扩散，这时电子密度大的电极因失去电子而带有正电，相反，电子密度小的电极由于接收到了扩散来的多余电子而带负电。这种扩散一直到动态平衡为止，从而得到 1 个稳定的接触电势。它的大小除和两种材料有关外，还与接点温度有关。

（2）单一导体的温差电势　温差电势是因电极两端温度不同，存在温度梯度而产生的电势。设热电极 A 两端温度分别为 t 和 t_0。t 为温度高的一端，t_0 为温度低的一端，由于两端温度不同，电子的能量在两端不同。温度高的一端比温度低的一端电子能量大，因而能量大的高温端电子，就要跑到温度低的电子能量小的另一端，使高温端失掉了一些电子带正电，低温端得到了一些电子带负电，于是电极两端产生了电位差，这就是温差电势。它也是一个动态平衡，电势的大小只与热电极和两接点温度有关。

2. 热电偶基本定律

（1）中间导体定律　将 A、B 构成热电偶的 t_0 端断开，接入第三种导体 C，首先假定 3 个接点温度同为 t_0，则不难证明

$$E_{ABC(t_0)} = E_{AB(t_0)} + E_{BC(t_0)} + E_{CA(t_0)} = 0 \tag{4-25}$$

现设 AB 接点温度为 t，其余接点温度为 t_0，并且 $t > t_0$，则回路中总电势等于各接点电势之和，即

$$E_{ABC(t,t_0)} = E_{AB(t)} + E_{BC(t_0)} + E_{CA(t_0)} \tag{4-26}$$

由式（4-25）得

$$E_{AB(t_0)} = - \left[E_{BC(t_0)} + E_{CA(t_0)} \right]$$

因此

$$E_{ABC(t,t_0)} = E_{AB(t)} - E_{AB(t_0)} = E_{AB(t,t_0)} \tag{4-27}$$

由上面推导而知，由 A、B 组成热电偶，当引进第三导体时，只要第三导体 C 两端温度相同，接入导体 C 后，对回路总电势无影响，这就是中间导体定律。根据这个道理，可以把第三导体 C 换上毫伏表或电位差计，并保证两个接点温度一致就可以对热电势进行测量。

（2）标准电极定律　如果两种导体 A 和 B 分别与第三种导体 C 组成热电偶，所产生的热电势都已知，那么电极 A 和 B 组成的热电偶回路的热电势也可以知道。3 对热电偶回路的热电势分别可由下式表示：

$$E_{AB(t,t_0)} = E_{AB(t)} - E_{AB(t_0)} \tag{4-28}$$

$$E_{AC(t,t_0)} = E_{AC(t)} - E_{AC(t_0)} \tag{4-29}$$

$$E_{BC(t,t_0)} = E_{BC(t)} - E_{BC(t_0)} \tag{4-30}$$

整理三式得：

$$E_{AB(t,t_0)} = E_{AC(t,t_0)} - E_{BC(t,t_0)} \tag{4-31}$$

$E_{AB(t,t_0)}$ 就是由热电极 A 和 B 组成的热电偶回路的热电势。

在这里采用的电极 C 称为标准电极，在实际运用中，一般标准电极材料为纯铂。电极 A、B 为参比电极。由于采用了参比电极，大大方便了热电偶的选配工作。只要知道一些材料与标准电极相配的热电势，就可以用上述定律求出任何材料配成热电偶的

热电势。

3. 对热电偶材料的基本要求

根据热电偶的原理，似乎任意两种不同材料成分的导体都可以组成热电偶。因为当它们连接起来，两个接点的温度不同时，就有热电势产生。但实际情况并不是这样，要成为能在实验室或生产过程中检测温度用的热电偶，对其热电极材料是有一定要求的。

（1）物理、化学性能稳定　在物理性能方面，在高温下不产生再结晶或蒸发现象，因为再结晶会使热电势发生变化；蒸发会使热电极之间互相污染引起热电势的变化。

在化学性能方面，应在测温范围内不易氧化或还原，不受化学腐蚀，否则会使热电极变质引起热电势变化。

（2）热电性能好　热电势与温度的关系要成简单的函数关系，最好成线性关系；微分热电势要大，可以有高的测量灵敏度；在测量范围内长期使用后，热电势不产生变化。

（3）电阻温度系数要小，导电率要高。

（4）有良好的机械加工性能，有好的复制性，价格要便宜。

上述要求是理想的，并非每种热电偶都要全部符合，而是在选用时，根据测温的具体条件，加以考虑。

4. 常用热电偶

目前国内外热电偶材料的品种非常多。我国根据科学实验和生产需要，暂时选择 6 种热电偶材料为定型产品。它们有统一的热电势与温度的关系分度表，可以与现成的仪表配套。对于非定型产品，只有在定型产品满足不了时才选用。表 4-5 表示常用热电偶的分度号，测量温度范围和允许误差。

表 4-5　常用热电偶的分度号，测量温度范围和允许误差

名　称	分度号	测量温度范围 (℃)	允许误差 (℃)	
			温度范围	误差
铜－康铜	CK	-200 ~ +300	-200 ~ -40	$\pm 1.5\% t$
			-40 ~ +80	± 0.6
			+80 ~ +300	$\pm 0.75\% t$
镍铬－考铜	EA-2	0 ~ +800	≤400	± 4
镍铬－康铜	NK	0 ~ +800	>400	$\pm 1\% t$
铁－康铜	FK	0 ~ +800	≤400	± 3
			>400	$\pm 0.75\% t$
镍铬－镍硅	EU-2	0 ~ +1300	≤400	± 3
镍铬－镍铝		0 ~ +1100	>400	$\pm 0.75\% t$
铂铑$_{10}$－铂	LB-3	0 ~ +1600	≤600	± 3
			>600	$\pm 0.5\% t$
铂铑$_{30}$－铂铑$_6$	LL-2	0 ~ +1800	≤600	± 3
			>600	$\pm 0.5\% t$
钨铼$_5$－钨铼$_{20}$	WR	0 ~ +2800	≤1000	± 10
			1000 ~ 2000	$\pm 1\% t$

注：表中 t 为被测温度的绝对值。

热电偶的分度号是热电偶分度表的代号，在热电偶和显示仪表配套时必须注意其

分度号是否一致，若不一致就不能配套使用。

下面对热电偶的主要性能、特点和用途作一简要介绍，它们之间的特点是在互相比较的基础上叙述的。

（1）铜－康铜热电偶　铜－康铜热电偶适用于负温的测量，使用上限为300℃。能在真空、氧化、还原或惰性气体中使用。其性能稳定，在潮湿气氛中能耐腐蚀，尤其是在－200℃～0℃，使用稳定性很好。在－200℃～300℃区域内测量灵敏度高，且价格最便宜。

铜－康铜热电偶测量0℃以上温度时，铜电极是正极，康铜（成分60%铜、40%镍）是负极。测量低温时，由于工作端温度低于自由端，所以电势的极性会发生变化。

（2）铁－康铜热电偶　铁－康铜热电偶适用于真空、氧化、还原或者惰性气氛中，测量范围为－200℃～800℃。但其常用温度是500℃以下，因为超过该温度，铁热电极的氧化速率加快。

（3）镍铬－考铜热电偶　镍铬－考铜（或康铜）热电偶测量范围为－200℃～800℃，适用于氧化或惰性气氛中的温度测量，不适用于还原性气氛。它与其他热电偶比较，耐热和抗氧化性能比铜－康铜、铁－康铜好。它微分热电势大，也就是说灵敏度高，可以用来做成热电偶堆或测量变化范围较小的温度。但是考铜热电极不易加工，难于控制。因而将要被康铜电极所代替。

（4）镍铬－镍硅（镍铬－镍铝）热电偶　镍铬－镍硅热电偶性能好，是目前使用最多的1个品种，由镍铬－镍铝热电偶演变而来，它们共同使用一个统一的分度表。

镍铬－镍铝和镍铬－镍硅的共同特点是：热电势与温度的关系近似呈线性，使显示仪表刻度均匀，微分热电势较大，仅次于铜－康铜和镍铬－考铜，因此灵敏度还是比较高的，稳定性和均匀性都很好，它们的抗氧性能比其他廉金属热电偶好，广泛应用于500℃～1300℃范围的氧化性与惰性气氛中，但不适用于还原性及含硫气氛中，除非加以适当保护。在真空气氛中，正极镍铬中铬优先蒸发，将改变它们的分度特性。

另外，镍铬－镍铝热电偶经一段时期使用后，出现热电势不稳定现象，特别在温度高于700℃中使用时将出现示值偏高。这可能由于气体腐蚀和污染引起电极的化学成分改变，晶粒长大，内部发生相变，使镍铬电极热电势越来越趋向于正值，镍铝电极的热电势越来越趋向负值，这样两个热电极叠加，使示值偏高。

经过研究，在镍基中加入2.5%硅及少量钴、锰等元素成镍硅电极，无论是抗氧性能，还是均匀性和热电势的稳定性方面都优于镍铬电极，同时它对标准铂极的热电势不变。

（5）铂铑$_{10}$－铂热电偶　铂铑$_{10}$－铂热电偶属贵金属热电偶，可长时间在0℃～1300℃间工作，它除了耐高温外，还是所有热电偶中精度最高的，它的物理、化学性能好，因此热电势稳定性好，作为传递国际温标的标准仪器。它适用于氧化性和惰性气氛中，但是它热电势较小，微分热电势也很小，灵敏度低，因而要选择较精密的显示仪表与它配套，才能保证得到准确的测量结果。

铂铑$_{10}$－铂热电偶不能在还原性气氛中或含有金属或非金属蒸气的气氛中使用，除非用非金属套管保护，更不允许直接插入金属的保护套管中。铂铑$_{10}$－铂热电偶中，负极铂丝的纯度要求很高。在长期高温下使用，极易沾污，铑会从正极的铂铑合金中扩散到铂负极中去，会导致热电势下降，从而引起分度特性改变。在这种情况下铂姥$_{30}$－铂铑$_6$热电偶将更好，更稳定。

（6）铂铑$_{30}$－铂铑$_6$热电偶　凡是铂铑$_{10}$－铂热电偶所具备的优点，铂姥$_{30}$－铂铑$_6$热电偶基本上都具备，其测量温度范围是目前最高的（0℃～1800℃）。它不存在负极铂丝所存在的缺点，因为它的负极是由铂铑合成的，因此长期使用后，热电势下降的情况不严重。

5. 对热电偶的结构要求

为了保证热电偶的正常工作，对热电偶的结构提出如下要求：①热电偶的热接点要焊接牢固；②两电极间除了热接点外，必须有良好的绝缘，防止短路；③导线与热电偶的参比端的连接要可靠、方便；④热电偶在有害介质中测量温度时，保护管应保证把被测介质与热电极隔绝开来。

6. 热电偶的制备

在设计制备热电偶时，热电极的材料，直径的选择，应根据测量范围、测定对象的特点以及电极材料的价格、机械强度、热电偶的电阻值而定。贵金属材料一般选用直径0.5mm；普通金属电极由于价格较便宜，直径可以粗一些，一般为1.5～3mm。

热电偶的长度应由它的安装条件及需要插入被测介质的深度决定，可以从几百毫米到几米不等。

热电偶热接点可以是对焊，也可以预先把两端线绕在一起再焊。应注意绞焊圈不宜超过2～3圈，否则工作端将不是焊点，而向上移动，测量时有可能带来误差。

普通热电偶的热接点可以用电弧、乙炔焰、氢氧吹管的火焰来焊接。当没有这些设备时，也可以用简单的点熔装置来代替。用1只调压变压器把市用220V电压调至所需电压，以内装石墨粉的铜杯为一极，热电偶作为另一极，把已经绞合的热电偶接点处，沾上一点硼砂，熔成硼砂小珠，插入石墨粉中（不要接触铜杯），通电后，使接点处发生熔融，成一光滑的圆珠即成。

热电偶在装入保护管之前，为了防止热电极短路，一般要用绝缘瓷管套好。

7. 热电偶的结构形式

热电偶的结构形式可分为普通热电偶，铠装热电偶，薄膜热电偶。

（1）普通热电偶　普通热电偶主要用于测量气体、蒸气、液体等介质的温度。由于应用广泛，使用条件大部分相同，所以大量生产了若干通用标准型式，供选择使用。其中棒型、角型、锥型等，分别被做成无专门固定装置、有螺纹固定装置及法兰固定装置等多种型式。

（2）铠装热电偶　铠装热电偶是由热电极、绝缘材料和金属保护套管三者组合成一体的特殊结构的热电偶，铠装热电偶与普通结构的热电偶比较起来，具有许多特点。

首先铠装热电偶的外径可以加工得很小，长度可以很长（最小直径可达0.25mm，长度几百米）。它的热响应时间很小，最小可达毫秒数量级，这对采用电子计算机进行检测控制具有重要意义。它节省材料，有很大的可挠性；其次寿命长，具有良好的机械性能，耐高压，有良好的绝缘性。

（3）薄膜热电偶　薄膜热电偶是由两种金属薄膜连接在一起的一种特殊结构的热电偶。测量端既小又薄，厚度可达0.01～0.1μm。因此热容量很小，可应用于微小面积上的温度测量。反应速率快，时间常数可达微秒级。薄膜热电偶分为片状、针状或

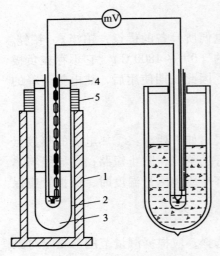

图 4－17　热电偶校正装置
1. 电炉　2. 样品管　3. 样品　4. 软木塞
5. 石棉布套

热电极材料直接镀在被测物表上三大类。

薄膜热电偶是近年发展起来的一种新的结构形式。随着工艺、材料的不断改进，是一种很有前途的热电偶。

8. 热电偶的使用注意事项

（1）热电偶使用前，注意挑选合适的热电偶，即温度范围合适，环境气氛适应，同时参比端的温度恒定。测温前要测试确定热电偶的正、负极。

（2）热电偶使用前，要求对热电偶的热电势误差进行检验，绘制温度与热电势的标准曲线（又称工作曲线）。

（3）测量较低热电势时，如灵敏度不够，可以把数个热电偶串联使用，增大温差电势，增加测量精度。几个热电偶串联成热电堆的温差电势等于各个热电偶电势之和。

9. 热电偶的温度－热电势标准曲线的制备　用一系列温度恒定的标准系统，如 CO_2 的升华点，水的冰点与沸点，硫的沸点以及铋、镉、铅、锌、银、金的熔点。把被检验的热电偶测量端插入标准系统，参比端插入冰水平衡系统，测定其热电势。具体装置如图 4－17 所示。操作时，先把含有标准系统的试管轻插入电炉，用 100V 电压进行加热，直至试管中的样品熔融，停止加热。用热电偶套管轻轻搅拌样品，保持冷却速率 3～4（K／min），每分钟读一次数据，即可得到一条热电势－时间曲线。从此曲线的转折平线可得到相应的热电势和温度数值。选择几个不同的样品重复测定，即可得到热电偶的工作曲线。

第三节　热效应的测量方法与温度控制技术

一、热效应的测量方法

热化学的数据主要是通过量热实验获得。量热实验所用的仪器称为量热计，量热计的测量原理及工作方式文献中公开报道已有上百种，并各具有不同的特色。根据测量原理可以分成补偿式和温差式两大类。

（一）补偿式量热法

补偿式量热的测定是把研究系统置于一等温量热计中，这种量热计的研究系统与环境之间进行热交换时，两者的温度始终保持恒定，并且与环境温度相等。反应过程中研究系统所放出的或吸收的热量是依赖恒温环境中的某物理量的变化所引起的热流给予连续的补偿。利用相变潜热或电－热效应是常用的方法。

1. 相变补偿量热法

将一反应系统置于冰水浴中（冰量热计）。研究系统被一层纯的固体冰包围，而且固体冰与液相水处于相平衡。研究系统发生放热反应时，则部分冰熔化为水，只要知道冰单位质量的融化焓，测出熔化冰的质量，就可以求得所放出的热量。反之，研究系统发生吸热反应，也同样可以通过冰增加的质量求得热效应。这种量热计除了冰、水为环境介质外，也可采用其他类型的相变介质。这种量热计测量简单，具有灵敏度及准确度高的优点，但也有其局限性，热效应必须是处于相变温度这一特定条件下发生。

2. 电效应补偿量热法

对于研究系统所发生的过程是一个吸热反应时，可以利用电加热器提供热流对其进行补偿，使温度保持恒定。但要求做到加热时，热损失和所加入的热流相比较可小到忽略不计。这时所吸的热量可由测量电加热器中的电流（I）和电压（V）直接求得：

$$\Delta H = Q_p = \int V(t) I(t) \, \mathrm{d}t \qquad (4-32)$$

在实验"溶解热的测定"中，就是运用电效应补偿量热法的典例。

为了能精确测量不大的热流，可以借助标准电阻，并用电位差计法测量。标准电阻与加热器串联接入电路，用电位差计测量标准电阻和加热器上的电压降，即可准确求得热效应。

（二）温差式量热法

研究系统在量热计中发生热效应时，如果与环境之间不发生热交换，热效应会导致量热计的温度发生变化。通过在不同时间测量温度变化即可求得反应热效应。

1. 绝热式量热计

这类量热计的研究系统与环境之间应不发生热交换，这当然是理想状态的。环境与系统之间不可能不发生热交换，因此所谓绝热式量热计只能近似视为绝热。为了尽可能达到绝热效果，所用的量热计一般都采用真空夹套，或在量热计的外壁涂以光亮层，尽量减少由于对流和辐射引起的热损耗。氧弹式量热计结构原理如图 4-18 所示。

当一个放热反应在绝热量热计中进行时，量热计与研究系统的温度会发生变化。如果能知道量热计的各个部件、工作介质及研究系统的总体热容，就可以方便地从其总体的温度变化求出反应过程放出的热量。

$$Q = C_{\text{量热计}} \Delta T \qquad (4-33)$$

式中，$C_{\text{量热计}}$ 为量热计的总体热容；ΔT 则是根据时间变化而测量出的温差。在整个实验过程中，系统与环境的热交换即热损耗在所难免。因此 $C_{\text{量热计}}$ 必须用已知热效应值的标准物质在相应的实验条件下进行标定，再用雷诺（Reynolds）作图法予以修正。

绝热式量热计结构简单，计算方便，应用较广，适用于测量反应速率较快，热效应

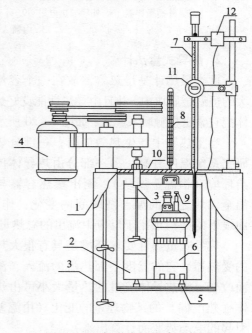

图 4-18　氧弹式量热计示意图

1. 外壳　2. 内桶　3. 搅拌器　4. 电机　5. 支座
6. 氧弹　7. 贝克曼温度计　8. 玻套温度计
9. 电极　10. 盖子　11. 放大镜　12. 振动器

较大的反应。为了使实验能在更好的"绝热"条件下进行，减少实验误差。在仪器的内筒和外筒中都安上 1 个铂电阻感温元件，并配有可控硅电子元件，自动跟踪研究系统的温度变化，并维持环境与系统的温度保持平衡，达到绝热的目的。此仪器的结构原理如图 4 – 19 所示。

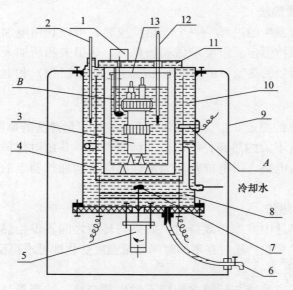

图 4 – 19　绝热式量热计结构

1. 内桶搅拌器　2. 外桶贝克曼温度计　3. 氧弹　4. 外桶搅拌器　5. 外桶搅拌电机　6. 外桶放水龙头
7. 外桶搅拌器　8. 外桶加热电极　9. 外壳　10. 外桶　11. 水帽　12. 内桶贝克曼温度计
13. 内桶 A、B 铂电阻传感器

2. 热导式量热计

此类量热计是量热容器放在一个容量很大的恒温金属块中，并且由导热性能良好热导体把它紧密接触联系起来，如图 4 – 20 所示。

当量热器中产生热效应时，一部分热使研究系统温度升高，另一部分由热导体传递给环境（恒温金属块），测出量热容器与恒温金属块之间的温差随时间的变化，作图，曲线下的面积正比于反应中流出的总热量。

热导式量热计要求环境是具有很大热容的受热器，它的温度不因热流的流入、流出而改变。沿热导体流过的热量大小可由热导体（热电偶）的某物理量的变化（由温差所引起的电动势变而计算出来）。

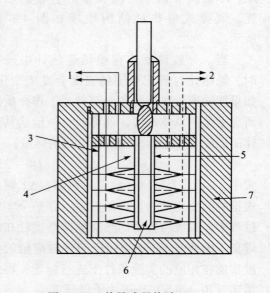

图 4 – 20　热导式量热计

1. 热电偶　2. 制冷器　3. 恒温热导体　4. 内室
5. 镀银夹套　6. 反应管　7. 恒温外套

二、温度控制技术

物质的物理性质和化学性质，如折光

率、黏度、蒸气压、密度、表面张力、化学平衡常数、反应速率常数、电导率等都与温度有密切的关系。许多物理化学实验不仅要测量温度，而且需要精确地控制温度。实验室中所用的恒温装置一般分成高温恒温（＞250℃）；常温恒温（室温至250℃）及低温恒温（室温至－218℃）三大类。控温采用的方法是把待控温系统置于热容比它大得多的恒温介质浴中。

（一）常温控制

在常温区间，通常用恒温槽作为控温装置，恒温槽是实验工作中常用的一种以液体为介质的恒温装置，用液体作介质的优点是热容量大，导热性好，使温度控制的稳定性和灵敏度大为提高。

根据温度的控制范围可用下列液体介质：－60℃～30℃用乙醇或乙醇水溶液；0℃～90℃用水；80℃～160℃用甘油或甘油水溶液；70℃～300℃用液状石蜡、汽缸润滑油、硅油。

1. 恒温槽的构造及原理

恒温槽的构件组成如图4－21所示。

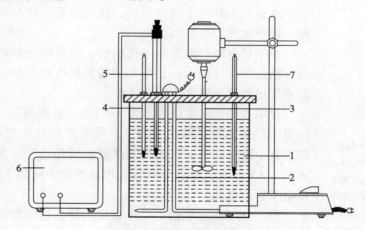

图4－21 恒温槽构成

1. 槽体 2. 加热器 3. 搅拌器 4. 温度计 5. 导电表 6. 恒温仪 7. 贝克曼温度计

（1）槽体 如果控制温度与室温相差不大，可用敞口大玻缸作为浴槽，对于较高和较低温度，应考虑保温问题。具有循环泵的超级恒温槽，有时仅作供给恒温液体之用，而实验在另一工作槽内进行。这种利用恒温液体作循环的工作槽可做得小一些，以减小温度控制的滞后性。

（2）搅拌器 加强液体介质的搅拌，对保证恒温槽温度均匀起着非常重要的作用。搅拌器的功率、安装位置和浆叶的形状，对搅拌效果有很大影响。恒温槽愈大，搅拌功率也该相应增大。搅拌器应装在加热器上面或靠近加热器，使加热后的液体及时混合均匀再流至恒温区。搅拌浆叶应是螺旋式或涡轮式，且有适当的片数、直径和面积，以使液体在恒温槽中循环。为了加强循环，有时还需要装导流装置。在超级恒温槽中用循环流代替搅拌，效果仍然很好。

（3）加热器 如果恒温的温度高于室温，则需不断向槽中供给热量，以补偿其向四周散失的热量；如恒温的温度低于室温，则需不断从恒温槽取走热量，以抵偿环境向槽中传热。在前一种情况下，通常采用电加热器间歇加热来实现恒温控制。对电加热器

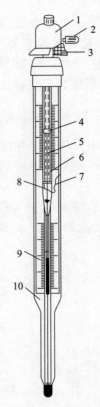

图 4 - 22　导电表
1. 调节帽　2. 固定螺丝
3. 磁铁　4. 指示铁块
5. 钨丝　6. 调节螺杆
7. 铂丝接点　8. 铂弹簧
9. 水银柱　10. 铂丝接点

的要求是热容量小，导热性好，功率适当。

（4）感温元件　它是恒温槽的感觉中枢，是提高恒温槽精度的关键部件。感温元件的种类很多，如接触温度计（或称水银定温计，也称导电表），热敏电阻感温元件等。这里仅以接触温度计为例说明它的控温原理。接触温度计（导电表）的构造如图 4 - 22 所示。其结构与普通水银温度计不同，它的毛细管中悬有一根可上下移动的金属丝，从水银槽也引出一根金属丝，两根金属丝再与温度控制系统连接。在导电表上部装有一根可随管外永久磁铁旋转的螺杆。螺杆上有一指示金属片（标铁），金属片与毛细管中金属丝（触针）相连。当螺杆转动时金属片上下移动即带动金属丝上升或下降。

调节温度时，先转动调节磁帽，使螺杆转动，带动金属块上下移动至所需温度（从温度刻度板上读出）。当加热器加热后，水银柱上升与金属丝相接，线路接通，使加热器电源被切断，停止加热。

由于导电表的温度刻度很粗糙，恒温槽的精确温度应该由另一精密温度计指示。当所需的控温温度稳定时，将磁帽上的固定螺丝旋紧，使之不发生转动。

导电表的控温精度通常为 ±0.1℃，甚至可达 ±0.05℃，对一般实验来说是足够精密的了。导电表允许通过的电流很小，约为几个毫安以下，不能同加热器直接相连。因为加热器的电流约为 1A 左右，所以在导电表和加热器中间加 1 个中间媒介，即电子管继电器。

（5）电子管继电器　电子管继电器由继电器和控制电路两部分组成，其工作原理如图 4 - 23。

可以把电子管的工作看成 1 个半波整流器，R_e - C_1，并联电路的负载，负载两端的交流分量用来作为栅极的控制电压。当定温计触点为断路时，栅极与阴极之间由于 R_1 的耦合而处于同位，也即栅偏压为零。这时板流较大，约有 18mA 通过继电器，能使衔铁吸下，加热器通电加热；当定温计为通路，板极是正半周，这时 R_e - C_1 的负端通过 C_2 和定温计加在栅极上，栅极出现负偏压，使板极电流减少到 2.5mA，衔铁弹开，电加热器断路。

因控制电压是利用整流后的交流分量，R_e 的旁路电容 C_1 不能过大，以免交流电压值过小，引起栅偏压不足，衔铁吸下不能断开；C_1 太小，则继电器衔铁会颤动，这是因为板流在负半周时无电流通过，继电器会停止工作，并联电容后依靠电容的充放电而维持其连续工作，如果 C_1 太小就不能满足这一要求。C_2 用来调整板极的电压相位，使其与栅压有相同峰值。R_2 用来防止触电。

电子继电器控制温度的灵敏度很高。通过导电表的电流最多为 30μA，因而导电表使用寿命很长，故获得普遍使用。

随着电子技术的发展，电子继电器中电子管大多已为晶体管所代替，而且更多使用热电偶或热敏电阻作为感温元件，制成温控仪。它的温控系统，由直流电桥电压比

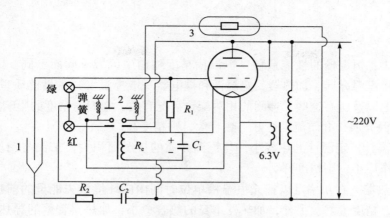

图4-23　电子继电器线路图
1. 导电表　2. 衔铁　3. 加热器

较器，控温执行继电器等部分组成。当感温探头热敏电阻感受的实际温度低于控温选择温度时，电压比较器输出电压，使控温继电器输出线柱接通，恒温槽加热器加热，当感温探头热敏电阻感受温度与控温选择温度相同或高于时，电压比较器输出为"0"，控温继电器输出线柱断开，停止加热，当感温探头感受温度在下降时，继电器再动作，重复上述过程达到控温目的。

使用该仪器时须注意感温探头的保护。感温探头中热敏电阻是采用玻璃封结，使用时应防止与较硬的物件相撞，用毕后感温探头头部用保护帽套上，感温探头浸没深度不得超过200mm。使用时若继电器跳动频繁或跳动不灵敏，可将电源相位反接。

2. 恒温槽的性能测试

恒温槽的温度控制装置属于"通""断"类型，当加热器接通后，恒温介质温度上升，热量的传递使水银温度计中水银柱上升。但热量传递需要时间，因此常出现温度传递的滞后。往往是加热器附近介质的温度超过指定温度，所以恒温槽的温度高于指定温度。同理，降温时也会出现滞后现象。由此可知，恒温槽控制的温度有一个波动范围，并不是控制在某一固定不变的温度，并且恒温槽内各处的温度也会因搅拌效果优劣而不同。控制温度的波动范围越小，各处的温度越均匀，恒温槽的灵敏度越高。灵敏度是衡量恒温槽性能优劣的主要标志。它除与感温元件、电子继电器有关外，还与搅拌器的效率、加热器的功率等因素有关，恒温槽灵敏度的测定是在指定温度下（如30℃）用较灵敏的温度计记录温度随时间的变化，每隔1min记录一次温度计读数，测定30min，然后以温度为纵坐标、时间为横坐标绘制成温度-时间曲线，如图4-24所示。

恒温槽灵敏度 t_E 与最高温度 t_1、最低温度 t_2 的关系式为：

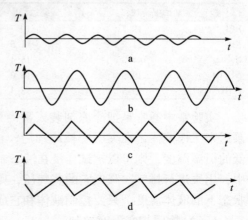

图4-24　灵敏度曲线
a. 表示恒温槽灵敏度较高　b. 表示灵敏度较差
c. 表示加热功率太大　d. 表示加热器功率太小或散热太快

$$t_E = \pm \frac{t_1 - t_2}{2} \qquad\qquad (4-34)$$

t_E 值愈小，恒温槽的性能愈佳，恒温槽精度随槽中区域不同而不同。同一区域的精度又随所用恒温介质、加热器、定温计和继电器（或控温仪）的性能质量不同而异，还与搅拌情况以及所有这些元件间的相对配置情况有关，它们对精度的影响简述如下：

（1）恒温介质　介质流动性好，热容大，则精度高。

（2）定温计　定温计的热容小，与恒温介质的接触面积大，水银与铂丝和毛细管壁间的黏附作用小，则精度好。

（3）加热器　在功率足以补充恒温槽单位时间内向环境散失能量的前提下，加热器功率愈小，精度愈好。另外，加热器本身的热容愈小，加热器管壁的导热效率愈高，则精度愈好。

（4）继电器　电磁吸引电键，后者发生机械运动所需时间愈短，断电时线圈中的铁芯剩磁愈小，精度愈好。

（5）搅拌器　搅拌速率需足够大，使恒温介质各部分温度能尽量一致。

（6）部件的位置　加热器要放在搅拌器附近，以使加热器发出的热量能迅速传到恒温介质的各个部分。定温计要放在加热器附近，并且让恒温介质的旋转能使加热器附近的恒温介质不断地冲向定温计的水银球。被研究的系统一般要放在槽中精度最好的区域。测定温度的温度计应放置在被研究系统的附近。

（二）低温控制

实验时如需要低于室温的恒温条件，则需用低温控制装置。对于比室温稍低的恒温控制可以用常温控制装置，在恒温槽内放入蛇形管，其中用一定流量的冰水循环。如需要低的温度，则需选用适当的冷冻剂。实验室中常用冰盐混合物的低共熔点使温度恒定。表4-6列出几种盐类和冰的低共熔点。

表4-6　盐类和冰的低共熔点

盐	盐的混合比（质量%）	最低到达温度（℃）	盐	盐的混合比（质量%）	最低到达温度（℃）
KCl	19.5	-10.7	NaCl	22.4	-21.2
KBr	31.2	-11.5	KI	52.2	-23.0
NaNO$_3$	44.8	-15.4	NaBr	40.3	-28.0
NH$_4$Cl	19.5	-16.0	NaI	39.0	-31.5
(NH$_4$)$_2$SO$_4$	39.5	-18.3	CaCl$_2$	30.2	-49.8

实验室中通常是把冷冻剂装入蓄冷桶，再配用超级恒温槽。由超级恒温槽的循环泵送来工作液体，在夹层中被冷却后，再返回恒温槽进行温度调节。若实验中要求更低的恒温温度，则可以把试样浸在液态制冷剂中（液氮、液氢等），把它装入密闭容器中，用泵进行排气，降低它的蒸气压，则液体的沸点也就降低下来，因此要控制这种状态下的液体温度，只要控制液体和它成热平衡的蒸气压。这里不再赘述。

（三）物质相变温度控制

利用物质的相变温度的恒定性来控制温度也是恒温的重要方法之一。例如水和冰的混合物；冰盐的最低共熔点；各种蒸气浴等都是非常简便而又常用的方法。但是其温度的选择常受到一定的限制。

第四节　压力测量技术及仪器

压力是描述系统状态的重要参数之一，许多物理化学性质，例如蒸气压、沸点、熔点几乎都与压力密切相关。在研究化学热力学和动力学中，压力是一个十分重要的参数，因此，正确掌握测量压力的方法、技术十分重要。

物化实验中，涉及到高压（钢瓶）、常压以及真空系统（负压）。对于不同压力范围，测量方法不同，所用仪器的精确度也不同。

一、压力的定义、单位及表示法

1. 压力的定义和单位

工程上把垂直均匀作用在物体单位面积上的力称为压力。而物理学中则把垂直作用在物体单位面积上的力称为压强。在国际单位制中，计量压力量值的单位为"牛顿/米²"。它就是"帕斯卡"，其表示的符号是Pa，简称"帕"。物理概念就是1牛顿（N）的力作用于1平方米（m^2）的面积上所形成的压强（即压力）。

实际在工程和科学研究中常用到的压力单位还有以下几种：物理大气压、工程大气压、毫米水柱和毫米汞柱。各种压力单位可以按照定义互相换算。压力单位"帕斯卡"是国际上正式规定的单位，而其他单位如"物理大气压"和"巴"两个压力单位暂时保留与"帕"一起使用。（表4－7）

2. 压力的习惯表示方式

地球上总是存在着大气压力，为便于在不同场合表示压力的数值，习惯上使用不同的压力表示方式。

（1）绝对压力　以 p 表示。指实际存在的压力，又叫总压力。绝对压力以 p 表示。指和大气压力（p_0）相比较得出的压力。p 即是绝对压力与用测压仪表测量时的大气压力的差值，称为表压力。

$$p = p - p_0 \qquad\qquad (4-35)$$

（2）正压力　绝对压力高于大气压力时，表压力大于0。此时为正压力，简称压力。

（3）负压力　绝对压力低于大气压力时，表压力小于0。此时为负压力，简称负压，又名"真空"，负压力的绝对值大小就是真空度。

（4）差压力　当任意两个压力 p_1 和 p_2 相比较，其差值称为差压力，简称压差。

实际上测压仪表大部分都是测压差的，因为都是将被测压力与大气压力相比较而测出的两个压力之差值，以此来确定被测压力之大小。

表4－7　压力单位名称表

序号	压力单位名称	称号	单位	说明	和"帕"的关系
1	帕斯卡	Pa	牛顿/米²（N/m^2）	1牛顿＝1公斤·米/秒 ＝10^5 达因	
2	标准大气压 （物理大气压）	atm		在标准状态下760mmHg高 Hg的密度＝13595.1kg/m^3； $g=9.80665m/s^2$	1atm＝1.01325×10^5Pa
3	毫米汞柱 （托）	Torr	mmHg	温度＝0℃的纯汞柱1mm高对 底面积的静压力	1mmHg＝1.333224×10^2Pa

续表

序号	压力单位名称	称号	单 位	说 明	和"帕"的关系
4	巴	bar	10^6 达因/厘米^2 dyn/cm^2		1bar = 10^5Pa
5	毫米水柱		mmH$_2$O	温度为 t =4℃时的纯水	1mmH$_2$O = 9.80638Pa

二、常用测压仪表

1. 液柱式测压仪表

这类仪表有以下特点：①测压范围适宜于低于 1000mmHg 的压力、压差、负压；②测量精度较高；③结构简单，使用方便；④管中所充液最常用为水银。不仅有毒，且玻璃管易破碎，读数精度常不易保证。

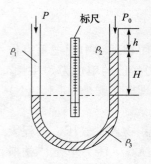

图 4 – 25　U 型压力计

液柱式压力计常用的有 U 形压力计、单管式压力计、斜管式压力计，其结构虽然不同，但其测量原理是相同的。物化实验中用得最多的是 U 形压力计。

图 4 – 25 为两端开口的 U 形压力计。其工作原理如下：根据液体静力学的平衡原理

$$p + (H + h)\rho_1 g = H\rho_3 g + h\rho_2 g + p_0 \qquad (4-36)$$

式中，p 为被测压力；ρ_1、ρ_2 为充液上面的保护氛质或空气密度；ρ_3 为充液，水银或水、乙醇等密度；p_0 为大气压力；h 为充液高位面到被测压力 p 的连接口处高度；g 为重力加速率；H 为 U 型管压力计两边液柱高度之差。

$$p - p_0 = h(\rho_2 - \rho_1)g + H(\rho_3 - \rho_1)g \qquad (4-37)$$

当 $\rho_1 = \rho_2$ 时

$$p - p_0 = H(\rho_3 - \rho_1)g \qquad (4-38)$$

从公式看，选用的充液密度愈小，其 H 愈大，测量灵敏度愈高。由于 U 形压力计两边玻璃管的内径并不完全相等，因此在确定 H 值时不可用一边的液柱高度变化乘 2，以免引进读数误差。

因为 U 彩管压力计是直读式仪表，所以都采用玻璃管，为避免毛细现象过于严重地影响到测量精度，内径不要小于 10mm，标尺分度值最小一般为 1mm。

U 彩管压力计的读数需进行校正，其主要是环境温度变化所造成的误差。在通常要求不很精确的情况下，只需对充液密度改变时，对压力计读数进行温度校正，即校正至 273.2K 时的值。

$$\Delta h_0 = \Delta h_1 \frac{\rho_t}{\rho_0} \qquad (4-39)$$

充液为汞时 ρ_t/ρ_0 的值如表 4 – 8 所示。

表 4 – 8　汞 ρ_t/ρ_0 值

T（K）	273.2	273.8	283.2	288.2	293.2	298.2	303.2	308.2	313.2
ρ_t/ρ_0	1.000	0.9991	0.9982	0.9973	0.9964	0.9955	0.9946	0.9937	0.9928

2. 弹簧式压力表

利用弹性元件的弹性力来测量压力，是测压仪表中相当主要的形式。由于弹性元件的结构和材料不同，它们具有各不相同的弹性位移与被测压力的关系。物化实验室中接触较多的为单管弹簧管式压力计，压力由弹簧管固定端进入，通过弹簧管自由端的位移带动指针运动，指示出压力值。如图 4 – 26 所示。常用弹簧管截面有椭圆形和扁圆形两种，可适用一般压力测量。还有偏心圆形等适用于高压测量，测量范围很宽。

弹簧式压力表使用时注意事项如下：

（1）合理选择压力表量程。为了保证足够的测量精度，选择的量程应于仪表分度标尺的 1/2 ~ 3/4 范围内。

（2）使用环境温度不超过 35℃，超过 35℃应给予温度修正。

（3）测量压力时，压力表指针不应有跳动和停滞现象。

（4）对压力表应进行定期校验。

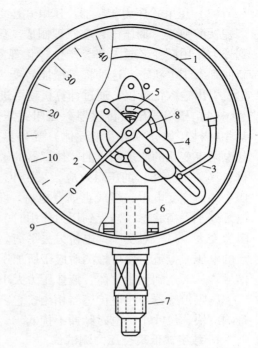

图 4 – 26　弹簧式压力表
1. 金属弹簧管　2. 指针　3. 连杆　4. 扇形齿轮
5. 弹簧　6. 座底　7. 测压接头　8. 小齿轮　9. 外壳

3. 电测压力计

电测压力计由压力传感器、测量电路和电性指示器三部分组成，电测压力计有多种类型，根据压力传感器的不同类型而区分。

（1）霍尔压力变送器　霍尔压力变送器是一种将弹性元件感受压力变化时自由端的位移，通过霍尔元件转换成电压信号输出的压力计。

霍尔元件是一块半导体，它是一种磁电转换元件。其测压原理为：把一霍尔片固定在弹性元件上，当弹性元件受压变形而产生位移时带动霍尔片运动。霍尔片放在具有均匀梯度磁场内（不均匀磁场），当霍尔片随压力变化运动时，作用于霍尔片上的磁场强度发生变化，霍尔电势也随之发生变化。由于左、右两对磁极的磁场方向相反，霍尔片在两个磁场内所形成霍尔电势也是反相的。故总的输出电势为两个霍尔电势之差。如果一开始霍尔片处于两个磁场的正中位置，则两个霍尔电势大小相等方向相反总输出为零。由于弹性元件的位移带动霍尔片偏离正中位置，则因两个磁场强度不同，就有正比于位移的霍尔电势输出，这样就实现了将机械位移转变成电压信号的目的。

（2）电位器压力变送器　电位器压力变送器常常与动圈式仪表相配合使用。其原理是将测压弹性元件受压以后发生位移带动电位器滑动触点的位移，因而被测压力之变化就转换成了电位器阻值的变化。把该电位器与其他电阻组成一电桥，当电位器阻值变化时，电桥输出 1 个不平衡电压，加到动圈表头内动圈的两端，指示出压力大小。

（3）压电式压力传感器　压电式压力传感器是利用某些材料（如压电晶体，压电陶瓷钛酸钡等）的压电效应原理制成。压电效应是指这些电解质物质在沿一定方向受到外力作用而变形时内部会产生极化现象，同时在表面产生电荷，当去掉外力，又重新回到不带电状态。这种将机械能转变为电能现象称为顺压电现象。因此只要将这种电位引出输入记录仪，通过计算机就可进行信号处理。

（4）压阻式压力传感器　压阻式压力传感器是利用某些材料（如硅、锗等半导体）受外界压力应变时，引起电阻率变化的原理制成的，传感器的敏感元件是用某些材料（如单晶硅）的压阻效应，采用 IC 工艺技术扩散成四个等值应变电阻，组成惠斯登电桥。不受压力作用时，电桥处于平衡状态，当受到压力作用时，电桥的一对桥臂阻力变大，另一对变小，电桥失去平衡。若对电桥加一恒定的电压或电流，便可检测对应于所加压力的电压或电流信号，从而达到测量气体、液体压力大小的目的。

压阻传感器与压电传感器相比，它表现出显著的特点是响应快、尺寸小、电磁脉冲干扰低。

4. 数字式低真空压力测试仪

数字式低真空压力测试仪是运用压阻式压力传感器，测定实验系统与大气压间的压差的仪器。使用时，先把仪器按要求连接在实验系统，要注意实验系统不能漏气。打开电源预热 10min，选择测量单位，调节旋钮，使数字显示为零。然后开动真空泵，仪器上显示的数字即为实验系统与大气压的压差。

三、气压计

测量大气压强的仪器称为气压计。实验室常用的有福廷（Fotin）式气压计、固定槽式气压计和空盒气压表等类型。

1. 福廷式气压计

（1）福廷式气压计结构　福廷式气压计是用一根一端封闭的玻璃管，盛水银后倒置在水银槽内，外套是一根黄铜管，玻璃管顶为真空，水银槽底部为一鞣性羚羊皮囊封袋，皮囊下部由调节螺旋支撑，转动螺旋可调节水银槽面的高低。水银槽上部有一倒置的固定象牙针，针尖处于黄铜管标尺的零点，称为基准点。黄铜标尺上附有游标尺。结构见图 4 - 27。

（2）福廷式气压计使用步骤　首先旋转底部调节螺旋，仔细调节水银槽内水银面恰好与象牙针尖接触（利用水银槽后面的白色板反光，仔细观察），然后转动气压

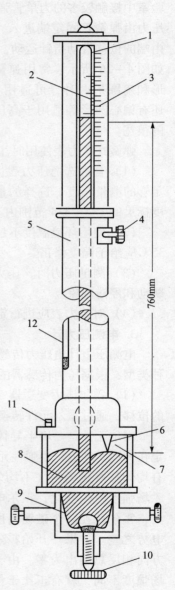

图 4 - 27　福廷式气压计
1. 玻璃管　2. 游标　3. 标尺
4. 游标升降旋钮　5. 黄铜管
6. 象牙尖　7. 观察窗　8. 汞
9. 羚羊皮袋　10. 汞升降旋钮
11. 通大气孔　12. 温度计

计旁的游标尺调节螺旋，调节游标尺，直至游标尺的边缘与水银面凸面相切，切点的两侧露出三角形的小孔隙，这时游标尺零分度线对应的黄铜标尺的分度即为大气压强的整数部分。其小数部分借助于游标尺，从游标尺上找出一根恰好与黄铜标尺上某一分度线吻合的分度线，则该游标尺上的分度线即为小数部分的读数。

游标尺上共有 20 个分度，相当于标尺上 19 个分度。因此除游标尺零分度线外只可能有一条分度线与标尺分度线吻合，这样游标尺上 20 个分度相当于标尺上的 1 个分度（1mmHg，SI 单位为 133.322Pa），游标尺上的 1 分度为 1/20mmHg，即 0.05mmHg，SI单位为 6.666Pa。

记下读数后旋转底部螺丝，使水银面与象牙针脱离接触，同时记录温度和气压计仪器校正值。

（3）福廷式气压计读数校正　人们规定温度为 0℃，纬度为 45°，海平面上同 760mmHg 相平衡的大气压强为标准大气压（760mmHg，SI 单位为 1.01325×10^5Pa），然而实际测量的条件不尽符合上述规定，因此实际测得的值除应校正仪器误差外，还需进行温度、纬度和海拔高度的校正。

① 仪器校正　气压计本身不够精确，在出厂时都附有仪器误差校正卡。每次观察气压读数，应根据该卡首先进行校正。若仪器校正值为正值，则将气压计读数加校正值，若校正值为负值，则将气压计读数减去校正值的绝对值。气压计每隔几年应由计量单位进行校正，重新确定仪器的校正值。

② 温度校正　温度的变化引起水银密度的变化和黄铜管本身长度的变化，由于水银的密度随温度的变化大于黄铜管长度随温度的变化，因此当温度高于 0℃时，气压计读数要减去温度校正值，而当温度低于 0℃时，气压计读数要加上温度校正值。

温度校正值按下式计算：

$$p_0 = \frac{1 + \beta t}{1 + \alpha t}p = \left[1 - t\left(\frac{\alpha - \beta}{1 + \alpha t}\right)\right]p \qquad (4-40)$$

式中，p 为气压计读数；t 为测量时温度（℃）；α 为水银在 0℃ ~35℃ 之间的平均体膨胀系数，为 0.0001818/K；β 为黄铜的线膨胀系数，为 0.0000184/K；p_0 为读数校正到 0℃时的数值。

为了使用方便，常将温度校正值列成表（表 4-9），如果测量温度 t 及气压 p 不是整数，使用该表时可采用内插法，也可用上面公式计算。

表 4-9　气压计温度校正值[*]

温度（℃）	740mmHg	750mmHg	760mmHg	770mmHg	780mmHg
0	0.00	0.00	0.00	0.00	0.00
1	0.12	0.12	0.12	0.13	0.13
2	0.24	0.25	0.25	0.25	0.15
3	0.36	0.37	0.37	0.38	0.38
4	0.48	0.49	0.50	0.50	0.51
5	0.60	0.61	0.62	0.63	0.64

温度（℃）	740mmHg	750mmHg	760mmHg	770mmHg	780mmHg
6	0.72	0.73	0.74	0.75	0.76
7	0.85	0.86	0.87	0.88	0.89
8	0.97	0.98	0.99	1.01	1.02
9	1.09	1.10	1.12	1.13	1.15
10	1.21	1.22	1.24	1.26	1.27
11	1.33	1.35	1.36	1.38	1.40
12	1.45	1.47	1.49	1.51	1.53
13	1.57	1.59	1.61	1.63	1.65
14	1.69	1.71	1.73	1.76	1.78
15	1.81	1.83	1.86	1.88	1.91
16	1.93	1.96	1.98	2.01	2.03
17	2.05	2.08	2.10	2.13	2.16
18	2.17	2.20	2.23	2.26	2.29
19	2.29	2.32	2.35	2.38	2.41
20	2.41	2.44	2.47	2.51	2.54
21	2.53	2.56	2.60	2.63	2.67
22	2.65	2.69	2.72	2.76	2.79
23	2.77	2.81	2.84	2.88	2.92
24	2.89	2.93	2.97	3.01	3.05
25	3.01	3.05	3.09	3.13	3.17
26	3.13	3.17	3.21	3.26	3.30
27	3.25	3.29	3.34	3.38	3.42
28	3.37	3.41	3.46	3.51	3.55
29	3.49	3.54	3.58	3.63	3.68
30	3.61	3.66	3.71	3.75	3.80
31	3.73	3.78	3.83	3.88	3.93
32	3.85	3.90	3.95	4.00	4.05
33	3.97	4.02	4.07	4.13	4.18
34	4.09	4.14	4.20	4.25	4.31
35	4.21	4.26	4.32	4.38	4.43

＊可根据 1mmHg = 133.322Pa 将 mmHg 为单位的大气压强，换算成 SI 单位中以 Pa 为单位的值。由于现用气压计的读数仍有 mmHg，所以此处仍用 mmHg 为单位。

③ 海拔高度和纬度的校正由于重力加速度随高度和纬度而改变，因此若测量大气压所处的海拔高度为 h（m），纬度为 L（度），则对已经过温度校正的读数 p_0 进一步进行海拔高度纬度校正。

$$p_s = p_0(1 - 2.6 \times 10^{-3}\cos2L)(1 - 3.14 \times 10^{-7}h) \quad\quad (4-41)$$

在一般情况下，纬度和海拔高度校正值较小，可以忽略不计。

2. 固定槽式气压计

固定槽式气压计与福廷式气压计结构基本相同，只是该气压计装在体积固定的槽中，在测量时只需读取玻璃管内水银柱高度而不需调节槽内水银面的高低。当气压变动时槽内水银面的升降已计入气压计的标度内（即已有管上的刻度补偿），因此，气压计所用玻璃管和水银槽内径在制造时严格控制，使与铜管上的刻度标尺配合。由于不需调节水银面高度，固定槽式气压计使用方便，并且测量精度不低于福廷式气压计。其结构如图 4 – 28 所示。其操作除不需调节水银槽水银面与象牙针尖相切外，其余同福廷式气压计。其读数校正与福廷式气压计完全相同。若读数的单位是毫巴（mbar），只需乘 3/4 即为 mmHg 值。

3. 空盒气压表

空盒气压表是由随大气压变化而产生轴向移动的空盒组作为感应元件，通过拉杆和传动机构带动指针，指示出大气压值。如图 4 – 29 所示。

当大气压增加时，空盒组被压缩，通过传动机构，指针顺时针转动一定角度；当大气压减小时，空盒组膨胀，通过传动机构使指针逆向转动一定角度。

空盒气压表测量范围 600 ~ 800mmHg，温度在 – 10℃ ~ 40℃ 之间，度盘最小分度值为 0.5mmHg。读数经仪器校正和温度校正后，误差不大于 1.5mmHg。气压计的仪器校正值为 + 0.7mmHg。温度每升高 1℃，气压校正值为 – 0.05mmHg。仪器刻度校正值见表 4 – 10。

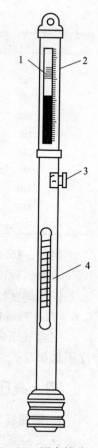

图 4 – 28 固定槽式气压计

1. 游标 2. 标尺 3. 游标升降旋钮 4. 温度计

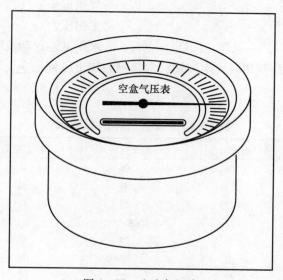

图 4 – 29 空盒气压表

表 4 – 10 仪器刻度校正值（mmHg）

仪器示度	校正值	仪器示度	校正值
790	– 0. 8	690	+ 0. 2
780	– 0. 4	680	+ 0. 2
770	0. 0	670	0. 0
760	0. 0	660	– 0. 2
750	+ 0. 1	650	– 0. 1
740	+ 0. 2	640	0. 0
730	+ 0. 5	630	– 0. 2
720	+ 0. 7	620	– 0. 4
710	+ 0. 4	610	0. 6
700	+ 0. 2	600	– 0. 8

例如，16.5℃ 时在空盒气压表上读数为 724.2mmHg，考虑：仪器校正值 + 0.7mmHg，温度校正值 $16.5 \times (-0.05) = -0.8$ mmHg。

仪器刻度校正值由表 4 – 10 得 + 0.6mmHg，校正后大气压为 724.2 + 0.7 – 0.8 + 0.6 = 724.7mmHg = 9.662×10^4 Pa

空盒气压表体积小，重量轻，不需要固定，只要求仪器工作时水平放置。但其精度不如福廷式，固定槽式气压计。

四、高压钢瓶及其使用

1. 钢瓶标记

在实验室中，常会使用各种气体钢瓶。气体钢瓶是贮存压缩气体和液化气的高压容器。容积一般为 40 ~ 60L，最高工作压力为 15MPa，最低的也在 0.6MPa 以上。在钢瓶的肩部用钢印打出下述标记：

制造厂	制造日期
气瓶型号、编号	气瓶重量
气体容积	工作压力
水压试验压力	水压试验日期及下次送验日期

为了避免各种钢瓶使用时发生混淆，常将钢瓶漆上不同颜色，写明瓶内气体名称。（表 4 – 11）

表 4 – 11 各种气体钢瓶标志

气体类别	瓶身颜色	字 样	标字颜色	腰带颜色
氮气	黑	氮	黄	棕
氧气	天蓝	氧	黑	
氢气	深绿	氢	红	红
压缩空气	黑	压缩空气	白	
液氨	黄	氨	黑	
二氧化碳	黑	二氧化碳	黄	黄
氦气	棕	氦	白	

续表

气体类别	瓶身颜色	字　样	标字颜色	腰带颜色
氯气	草绿	氯	白	
石油气体	灰	石油气体	红	

2. 钢瓶使用注意事项

（1）各种高压气体钢瓶必须定期送有关部门检验。一般气体的钢瓶至少 3 年必须送检一次，充腐蚀性气体钢瓶至少每两年送验一次，合格者才能充气。

（2）钢瓶搬运时，要戴好钢瓶帽和橡皮腰圈，轻拿轻放。要避免撞击、摔倒和激烈振动，以防爆炸，放置和使用时，必须用架子或铁丝固定牢靠。

（3）钢瓶应存放在阴凉、干燥，远离热源的地方，避免明火和阳光曝晒。钢瓶受热后，气体膨胀，瓶内压力增大，易造成漏气，甚至爆炸。可燃性气体钢瓶与氧气钢瓶必须分开存放。氢气钢瓶最好放置在实验大楼外专用的小屋内，以确保安全。

（4）使用气体钢瓶，除 CO_2、NH_3 外，一般要用减压阀。各种减压阀中，只有 N_2 和 O_2 的减压阀可相互通用。其他的只能用于规定的气体，不能混用，以防爆炸。

（5）钢瓶上不得沾染油类及其他有机物，特别在气门出口和气表处，更应保持清洁。不可用棉、麻等物堵漏，以防燃烧引起事故。

（6）可燃性气体如 H_2、C_2H_2 等钢瓶的阀门是"反扣"（左旋）螺纹，即逆时针方向拧紧；非燃性或助燃性气体如 N_2、O_2 等钢瓶的阀门是正扣的（右旋）螺纹，即顺时针拧紧。开启阀门时应站在气表一侧，以防减压阀万一被冲出受到击伤。

（7）可燃性气体要有防回火装置。有的减压阀已附有此装置，也可在导气管中填装铁丝网防止回火，在导气管中加接液封装置也可起防护作用。

（8）不可将钢瓶中的气体全部用完，一定要保留 0.05MPa 以上的残留压力。可燃性气体 C_2H_2 应剩余 0.2MPa ~ 0.3MPa（2 ~ 3kg/cm^3 表压），H_2 应保留 2MPa，以防重新充气时发生危险。

3. 气表的作用与使用

氧气减压阀俗称氧气表，其结构如图 4 – 30 所示。阀腔被减压阀门分为高压室和低压室两部分。前者通过减压阀进口与氧气瓶连接，气压可由高压表读出，表示钢瓶内的气压；低压室经出口与工作系统连接，气压由低压表给出。当顺时针方向（右旋）转动减压阀手柄时，手柄压缩主弹簧，进而传动弹簧垫块，薄膜和顶杆，将阀门打开。高压气体即由高压室经阀门节流减压后进入低压室。当达到所需压力时，停止旋转手柄。停止用气时，逆时针（左旋）转动手柄，使主弹簧恢复自由状态，阀门封闭。

减压阀装有安全阀，当压力超过许用值或减压阀发生故障时即自动开启放气。

4. 氧气钢瓶的使用

按图 4 – 31 装好氧气减压阀。使用前，逆时针方向转动减压阀手柄至放松位置。此时减压阀关闭。打开总压阀，高压表读数指示钢瓶内压力。（表压）用肥皂水检查减压阀与钢瓶连接处是否漏气。不漏气，则可顺时针旋转手柄，减压阀门即开启送气，直到所需压力时，停止转动手柄。

停止用气时，先关钢瓶阀门，并将余气排空，直至高压表和低压表均指到"0"。

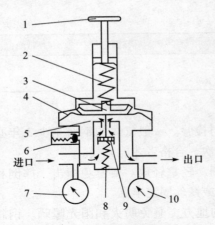

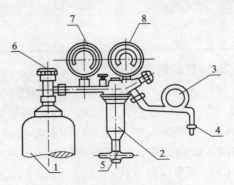

图 4 – 30　减压阀的结构　　　　　　图 4 – 31　减压阀的安装

1. 手柄　2. 主弹簧　3. 弹簧垫块　4. 薄膜　　　1. 氧气瓶　2. 减压阀　3. 导气管　4. 接头
5. 顶杆　6. 安全阀　7. 高压表　8. 弹簧　　　　5. 减压阀旋转手柄　6. 总阀门　7. 高压表　8. 低压表
9. 阀门　10. 低压表

反时针转动手柄至松的位置。此时减压阀关闭。保证下次开启钢瓶阀门时，不会发生高压气体直接冲进充气系统，保护减压阀的调节压力的作用，以免失灵。

第五节　液体黏度的测定

流体黏度是相邻流体层以不同速率运动时所存在内摩擦力的一种量度。

黏度分绝对黏度和相对黏度。绝对黏度有两种表示方法：动力黏度、运动黏度。动力黏度是指当单位面积的流层以单位速率相对于单位距离的流层流出时所需的切向力，用希腊字母 η 表示黏度系数（俗称黏度），其单位是帕斯卡秒，用符号 Pa·s 表示。运动黏度是液体的动力黏度与同温度下该液体的密度 ρ 之比，用符号 v 表示，其单位是 m^2/s。

相对黏度系某液体黏度与标准液体黏度之比，无量纲。

化学实验室常用玻璃毛细管黏度计测量液体黏度。此外，恩格勒黏度计、落球式黏度计、旋转式黏度计等也广泛使用。

一、毛细管黏度计

有乌氏黏度计和奥式黏度计。这两种黏度计比较精确，使用方便，适合于测定液体黏度和高聚物相对摩尔质量。

1. 玻璃毛细管黏度计的使用原理

测定黏度时通常测定一定体积的流体经一定长度垂直的毛细管所需的时间，然后根据泊塞耳（Poiseuille）公式计算其黏度。

$$\eta = \pi p r^4 t / 8Vl \tag{4-42}$$

式中，V 为时间 t 内流经毛细管的液体体积；p 为管两端的压力差；r 为毛细管半径；l 为毛细管长度。

直接由实验测定液体的绝对黏度是比较困难的。通常采用测定液体对标准液体（如水）的相对黏度，已知标准液体的黏度就可以标出待测液体的绝对黏度。

假设相同体积的待测液体和水，分别流经同一毛细管黏度计，则

$$\eta_{待} = \pi r^4 p_1 t_1 / 8Vl$$

$$\eta_{水} = \pi r^4 p_2 t_2 / 8Vl$$

两式相比得

$$\eta_{待} / \eta_{水} = p_1 t_1 / p_2 t_2 = hg\rho_1 t_1 / hg\rho_2 t_2 = \rho_1 t_1 / \rho_2 t_2$$

$$(4 - 43)$$

式中，h 为液体流经毛细管的高度，ρ_1 为待测液体的密度；ρ_2 为水的密度。

因此，用同一根玻璃毛细管黏度，在相同的条件下，两种液体的黏度比即等于它们的密度与流经时间的乘积比。若将水作为已知黏度的标准液（其黏度和密度可查阅手册），则通过式（4-43）计算出待测液体的绝对黏度。

2. 乌氏黏度计

乌氏黏度计的外型各异，但基本的构造如图 4-32 所示。

3. 奥氏黏度计

奥氏黏度计的结构如图 4-33 所示，适用于测定低黏滞性液体的相对黏度，其操作方法与乌氏黏度计类似。但是，由于乌氏黏度计有 1 支管 3，测定时管 1 中的液体在毛细管下端出口处与管 2 中的液体断开，形成了气承悬液柱。这样液体下流时所受压力差 ρgh 与管 2 中液面高度无关，即与所加的待测液的体积无关，故可以在黏度计中稀释液体。而奥氏黏度计测定时，标准液和待测液的体积必须相同，因为液体下流时所受的压力差 ρgh 与管 2 中液面高度有关。

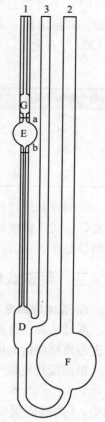

图 4-32 乌氏黏度计结构示意

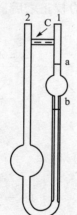

图 4-33 奥氏黏度计结构示意

4. 使用玻璃毛细管黏度计注意事项

（1）黏度计必须洁净，先用经 2 号砂芯漏斗滤过的洗液浸泡 1 天。如用洗液不能洗干净，则改用 5% 的氢氧化钠乙醇溶液浸泡，再用水冲净，直至毛细管壁不挂水珠，洗干净的黏度计置于 110℃ 的烘箱中烘干。

（2）黏度计使用完毕，立即清洗，特别测高聚物时，要注入纯溶剂浸泡，以免残存的高聚物粘结在毛细管壁上而影响毛细管孔径，甚至堵塞。清洗后在黏度计内注满蒸馏水并加塞，防止落进灰尘。

（3）黏度计应垂直固定在恒温槽内，因为倾斜会造成液位差变化，引起测量误差，同时会使液体流经时间 t 变大。

（4）液体的黏度与温度有关，一般温度变化不超过 ±0.3℃。

（5）毛细管黏度计的毛细管内径选择，可根据所测物质的黏度而定，毛细管内径太细，容易堵塞，太粗测量误差较大，一般选择测水时流经毛细管的时间大于100s，在120s左右为宜。表4-12是乌氏黏度计的有关数据。

表4-12　乌氏黏度计有关数据

毛细管内径（mm）	测定球容积（ml）	毛细管长（mm）	常数（k）	测量范围（$10^{-6}m^2/s$）
0.55	5.0	90	0.01	1.5~10
0.75	5.0	90	0.03	5~30
0.90	5.0	90	0.05	10~50
1.10	5.0	90	0.50	20~100
1.60	5.0	90	0.50	100~500

毛细管黏度计种类较多，除乌氏黏度计和奥氏黏度计外，还有平氏黏度计和芬氏黏度计，乌氏黏度计和奥氏黏度计适用于测定相对黏度，平氏黏度计适用于石油产品的运动黏度，而芬氏黏度计是平氏黏度计的改良，其测量误差小。

二、落球式黏度计

1. 落球法黏度计的测定原理

落球法黏度计是借助于固体球在液体中运动受到黏度阻力，测定球在液体中落下一定距离所需的时间，这种黏度计尤其适用于测定具有中等黏性的透明液体。

根据斯托克斯（Stokes）方程式：

$$F = 6\pi r \eta v \qquad (4-44)$$

式中，r为球体积半径，v为球体下落速率，η为液体黏度，在考虑浮力校正之后，重力与阻力相等时：

$$\frac{4}{3}\pi r^3(\rho_s - \rho)g = 6\pi r \eta v \qquad (4-45)$$

故

$$\eta = \frac{2gr^2(\rho_s - \rho)}{9v} \qquad (4-46)$$

式中，ρ_s为球体密度，ρ为液体密度，g为重力加速率。

落球速率可由球降落距离h除以时间t而得：$v = \dfrac{h}{t}$代入式（4-46）得

$$\eta = \frac{2gr^2t}{9h}(\rho_s - \rho) \qquad (4-47)$$

当h和r为定值时则得：

$$\eta = kt(\rho_s - \rho) \qquad (4-48)$$

式中，k为仪器常数，可用已知黏度的液体测得。

落球法测相对黏度的关系式为：

$$\frac{\eta_1}{\eta_2} = \frac{(\rho_s - \rho_1)t_1}{(\rho_s - \rho_2)t_2} \qquad (4-49)$$

式中，ρ_1，ρ_2分别为液体1和液体2的密度；t_1，t_2分别为球落在液体1和液体2中落下一定距离所需的时间。

2. 落球式黏度计的测定方法

落球式黏度计如图 4-34 所示，其测试方法如下。

（1）用游标卡尺量出钢球的平均直径，计算球的体积。称量若干个钢球，由平均体积和平均质量计算钢球的密度 ρ_s。

（2）将标准液（如甘油）注入落球管内并高于上刻度线 a。将落球管放入恒温槽内，使其达到热平衡。

（3）钢球从黏度上圆柱管落下，用停表测定钢球由 a 落到刻度 b 所需时间。重复 4 次，计算平均时间。

（4）将落球黏度计处理干净，按照上述测定方法测待液体。

（5）标准液体的密度和黏度可从手册中查得，待测液的密度用比重瓶法测得。

落球式黏度计测量范围较宽，用途广泛，尤其适合测定较高透明度的液体。但对钢球的要求较高，钢球要光滑而圆，另外要防止球从圆柱管下落时与圆柱管的壁相碰，造成测量误差。

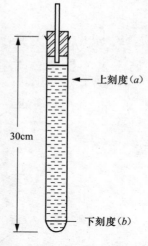

图 4-34　落球式黏度计

第六节　折射率的测定

折射率是物质的重要物理常数之一，测定物质的折射率可以定量地求出该物质的浓度或纯度。

一、物质的折射率与物质浓度的关系

许多纯的有机物质具有一定的折射率，如果纯的物质中含有杂质其折射率将发生变化，偏离了纯物质的折射率，杂质越多，偏离越大。纯物质溶解在溶剂中，折射率也发生变化，如蔗糖溶解在水中，随着浓度愈大，折射率越大，所以通过测定蔗糖的水溶液的折射率，也就可以定量的测出蔗糖水溶液的浓度。异丙醇溶解在环己烷中，浓度愈大，其折射率愈小。折射率的变化与溶液的浓度、测定温度、溶剂、溶质的性质以及它们的折射率等因素有关，当其他条件固定时，一般情况下当溶质的折射率小于溶剂的折射率时，浓度愈大，折射率愈小。反之亦然。

测定物质的折射率，可以测定物质的浓度，其方法如下：

（1）制备一系列已知浓度的样品，分别测定各浓度的折射率。

（2）以浓度 c 与折射率 n_D^t 作图得一工作曲线。

（3）测未知浓度样品的折射率，在工作曲线上可以查得未知浓度样品的浓度。

用折射率测定样品的浓度所需试样量少，操作简单方便，读数准确。

通过测定物质的折射率，还可以算出某些物质的摩尔折射率，反映极性分子的偶极矩，从而有助于研究物质的分子结构。

实验室常用的阿贝（Abbe）折射仪，它即可以测定液体的折射率，也可以测定固体物质的折射率，同时可以测定蔗糖溶液的浓度。其结构外形如图 4-35 所示。

二、阿贝折射仪的结构原理

当一束单色光从介质 Ⅰ 进入介质 Ⅱ（两种介质的密度不同）时，光线在通过界面

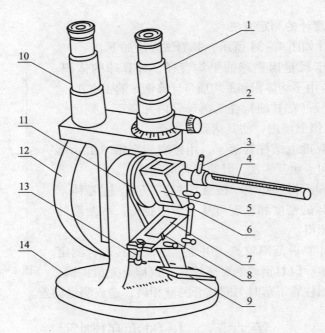

图 4－35　阿贝折射仪

1. 测量望远镜　2. 消色散手柄　3. 恒温水入口　4. 温度计　5. 测量棱镜　6. 铰链　7. 辅助棱镜　8. 加液槽
9. 反射镜　10. 读数望远镜　11. 转轴　12. 刻度罩盘　13. 闭合旋钮　14. 底座

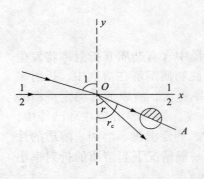

图 4－36　光的折射

时改变了方向，这一现象称为光的折射，如图 4－36 所示。

根据折射率定律，入射角 i 和折射角 r 的关系为：

$$\frac{\sin i}{\sin r} = \frac{n_{\mathrm{II}}}{n_{\mathrm{I}}} = n_{\mathrm{I,II}} \qquad (4-50)$$

式中，n_{I}、n_{II} 分别为介质 I 和介质 II 的折射率；$n_{\mathrm{I,II}}$ 为介质 II 对介质 I 的相对折射率。

若介质 I 为真空，因规定 $n = 1.00000$，故 $n_{\mathrm{I,II}} = n_{\mathrm{II}}$ 为绝对折射率。但介质 I 通常用空气，空气的绝对折射率为 1.00029，这样得到的各物质的折射率称为常用折射率，也可称为对空气的相对折射率。同一种物质的两种折射率表示法之间的关系为：

$$绝对折射率 = 常用折射率 \times 1.00029$$

由式（4－50）可知，当 $n_{\mathrm{I}} < n_{\mathrm{II}}$ 时，折射角 r 则恒小于入射角 i。当入射角增大到 90°时，折射角也相应增大到最大值 r_c，r_c 称为临界角。此时，介质 II 中从 Oy 到 OA 之间有光线通过为明亮区，而 OA 到 Ox 之间无光线通过为暗区，临界角 r_c 决定了半明半暗分界线的位置。当入射角 i 为 90°时，式（4－50）可写为：

$$n_{\mathrm{I}} = n_{\mathrm{II}} \sin r_c \qquad (4-51)$$

因而在固定一种介质时，临界折射角 r_c 的大小与被测物质的折射率呈简单的函数关系，阿贝折射仪就是根据这个原理而设计的。图 4－37 是阿贝折射仪光学系统的示意图。

它的主要部分是由两块折射率为 1.75 的玻璃直角棱镜构成。辅助棱镜的斜面是粗糙的毛玻璃，测量棱镜是光学平面镜。两者之间有 0.1 ~ 0.15mm 厚度空隙，用于装待测液体，并使液体展开成一薄层。当光线经过反光镜反射至辅助棱镜的粗糙表面时，发生漫散射，以各种角度透过待测液体，因而从各个方向进入测量棱镜而发生折射。其折射角都落在临界角 r_c 之内，因为棱镜的折射率大于待测液体的折射率，因此入射角从 0° ~ 90° 的光线都通过测量棱镜发生折射。具有临界角 r_c 的光线从测量棱镜出来反射到目镜上，此时若将目镜十字线调节到适当位置，则会看到目镜上呈半明半暗状态。折射光都应落在临界角 r_c 内，成为亮区，其他为暗区，构成了明暗分界线。

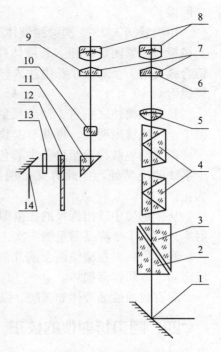

图 4－37　阿贝折射仪光学系统

1. 反光镜　2. 辅助棱镜　3. 测量棱镜
4. 消色散棱镜　5. 物镜　6. 分划板
7，8. 目镜　9. 分划板　10. 物镜
11. 转向棱镜　12. 照明度盘
13. 毛玻璃　14. 小反光镜

由式（4－51）可知，若棱镜的折射率 $n_{棱}$ 为已知，只要测定待测液体的临界角 r_c，就能求得待测液体的折射率 $n_{液}$。事实上测定 r_c 值很不方便，当折射光从棱镜出来进入空气又产生折射，折射角为 r_c^1。$n_{液}$ 与 r_c^1 间有如下关系：

$$n_{液} = \sin\beta \sqrt{n_{棱}^2 - \sin^2 r_c'} - \cos\beta \sin r_c'$$

$$(4-52)$$

式中，β 为常数；$n_{棱} = 1.75$。

测出 r_c' 即可求出 $n_{液}$。由于设计折射仪时已经把读数 r_c' 换算成 $n_{液}$ 值，只要找到明暗分界线使其与目镜中的十字线吻合，就可以从标尺上直接读出液体的折射率。

阿贝折射仪的标尺上除标有 1.300 ~ 1.700 折射率数值外，在标尺旁连还标有 20℃ 糖溶液的百分浓度的读数，可以直接测定糖溶液的浓度。

在指定的条件下，液体的折射率因所用单色光的波长不同而不同。若用普通白光作光源（波长 400 ~ 700nm），由于发生色散而在明暗分界线处呈现彩色光带，使明暗交界不清楚，故在阿贝折射仪中还装有两个各由三块棱镜组成的阿密西（Amici）棱镜作为消色棱镜（又称补偿棱镜）。通过调节消色散棱镜，使折射棱镜出来的色散光线消失，使明暗分界线完全清楚，这时所测的液体折射率相当于用钠光 D 线（589nm）所测得的折射率 n_D。

三、阿贝折射仪的使用方法

将阿贝折射仪放在光亮处，但避免阳光直接曝晒。用超级恒温槽将恒温水通入棱镜夹套内，其温度以折射仪上温度计读数为准。

扭开测量棱镜和辅助棱镜的闭合旋钮，并转动镜筒，使辅助棱镜斜面向上，若测量棱镜和辅助棱镜表面不清洁，可滴几滴丙酮，用擦镜纸顺单一方向轻擦镜面（不能来回擦）。

用滴管滴入 2~3 滴待测液体于辅助棱镜的毛玻璃面上（滴管切勿触及镜面），合上棱镜，扭紧闭合旋钮。若液体样品易挥发，动作要迅速，或将两棱镜闭合，从两棱镜合缝处的 1 个加液小孔中注入样品（特别注意不能使滴管折断在孔内，以致损伤棱镜镜面）。

转动镜筒使之垂直，调节反射镜使入射光进入棱镜，同时调节目镜的焦距，使目镜中十字线清晰明亮。再调节读数螺旋，使目镜中呈半明半暗状态。

调节消色散棱镜至目镜中彩色光带消失，再调节读数螺旋，使明暗界面恰好落在十字线的交叉处。如此时又呈现微色散，必须重调消色散棱镜，直到明暗界面清晰为止。

从望远镜中读出标尺的数值即 n_D，同时记下温度，则 n_D^{20} 为该温度下待测液体的折射率。每测 1 个样品需重测 3 次，3 次误差不超过 0.0002，然后取平均值。

测试完后，在棱镜面上滴几滴丙酮，并用擦镜纸擦干。最后用两层擦镜纸夹在两镜面间，以防镜面损坏。

对有腐蚀性的液体如强酸、强碱以及氟化物，不能使用阿贝折射仪测定。

四、阿贝折射仪的校正

折射仪的标尺零点有时会发生移动，因而在使用阿贝折射仪前需用标准物质校正其零点。

折射仪出厂时附有一已知折射率的"玻块"，一小瓶 α - 溴萘。滴 1 滴 α - 溴萘在玻块的光面上，然后把玻块的光面附着在测量棱镜上，不需合上辅助棱镜，但要打开测量棱镜背的小窗，使光线从小窗口射入，就可进行测定。如果测得的值与玻块的折射率值有差异，此差值为校正值，也可以用钟表螺丝刀旋动镜筒上的校正螺丝进行，使测得值与玻块的折射率相等。

这种校正零点的方法，也是使用该仪器测定固体折射率的方法，只要将被测固体代替玻块进行测定。

在实验室中一般用纯水作标准物质（$n_D^{20} = 1.3325$）来校正零点。在精密测量中，须在所测量的范围内用几种不同折射率的标准物质进行校正，考察标尺刻度间距是否正确，把一系列的校正值画成校正曲线，以供测量对照校正。

五、温度和压力对折射率的影响

液体的折射率是随温度变化而变化的，多数液态的有机化合物当温度每增高 1℃ 时，其折射率下降 3.5×10^{-4} ~ 5.5×10^{-4}。纯水的折射率在 15℃ ~30℃ 之间，温度每增高 1℃，其折射率下降 1×10^{-4}。若测量时要求准确度为 $\pm 1 \times 10^{-4}$，则温度应控制在 t℃ ± 0.1℃，此时阿贝折射仪需要有超级恒温槽配套使用。

压力对折射率有影响，但不明显，只有在很精密的测量中，才考虑压力的影响。

六、阿贝折射仪的保养

仪器应放置在干燥、空气流通的室内，防止受潮后光学零件发霉。

仪器使用完毕后要做好清洁工作，并将仪器放入箱内，箱内放有干燥剂硅胶。

经常保持仪器清洁，严禁油手或汗手触及光学零件。如光学零件表面有灰尘，可用高级麂皮或脱脂棉轻擦后，再用洗耳球吹去。如光学零件表面有油垢，可用脱脂棉蘸少许汽油轻擦后再用二甲苯或乙醚擦干净。

仪器应避免强烈振动或撞击，以防止光学零件损伤而影响精度。

第七节　电导的测量及仪器

电解质电导是熔融盐和碱的一种性质，也是盐、酸液和碱水溶液的一种性质。电导这个物理化学参量不仅反映了电解质溶液中离子存在的状态及运动的信息，而且由于稀溶液中电导与离子浓度之间的简单线性关系，而被广泛用于分析化学与化学动力学过程的测试。

一、电导及电导率

电导是电阻的倒数，因此电导值的测量，实际上是通过电阻值的测量再换算的。溶液电导测定，由于离子在电极上会发生放电，产生极化，因而测量电导时要使用频率足够高的交流电，以防止电解产物的产生。所用的电极镀铂黑减少超电位，并且用零点法使电导的最后读数是在零电流时记取，这也是超电位为零的位置。

电导率的计算公式如下。

$$\kappa = G \frac{l}{A} \qquad (4-53)$$

式中，l 为测定电解质溶液时两电极间距离（m），A 为电极面积（m^2），G 为电导（S，西门子）；κ 为电导率（S/m，西门子每米），指面积为 $1m^2$，两电极相距 $1m$ 时溶液的电导。

电解质溶液的摩尔电导率 Λ_m 是指把含有 $1mol$ 的电解质溶液置于相距为 $1m$ 的两个电极之间的电导。若溶液浓度为 c（mol/L），则含有 $1mol$ 电解质溶液的体积为 10^{-3} m^3/c。摩尔电导率的单位为 $S \cdot m^2/mol$。

$$\Lambda_m = \kappa \times \frac{10^{-3}}{c} \qquad (4-54)$$

若用同一仪器依次测定一系列液体的电导，由于电极面积（A）与电极间距离（l）保持不变，则相对电导就等于相对电导率。

二、电导的测量及仪器

（一）平衡电桥法

测定电解质溶液电导时，可用交流电桥法，其简单原理如 4-38 所示。

将待测溶液装入具有两个固定的镀有铂黑的铂电极的电导池中，电导池内溶液电阻为：

$$R_x = \frac{R_2}{R_1} R_3 \qquad (4-55)$$

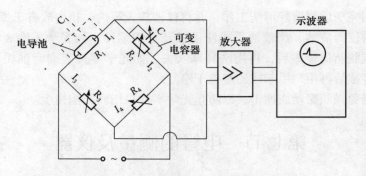

图 4 - 38　交流电桥装置示意图

因为电导池的作用相当于 1 个电容器,故电桥电路就包含 1 个可变电容 C,调节电容 C 来平衡电导池的容抗,将电导池接在电桥的一臂,以 1000Hz 的振荡器作为交流电源,以示波器作为零电流指示器(不能用直流检流计),在寻找零点的过程中,电桥输出信号,十分微弱,因此示波器前加一放大器,得到 R_x 后,即可换算成电导。

(二)电阻分压法

电阻分压法测量示意图 4 - 39 如下。

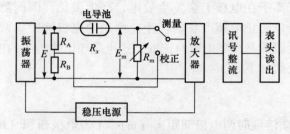

图 4 - 39　电阻分压法测量示意图

由图 4 - 39 可得

$$E_m = \frac{ER_m}{R_m + R_x} = \frac{ER_m}{R_m + \dfrac{Q}{\kappa}} \tag{4-56}$$

由式(4 - 56)可知,当 E、R_m 和 Q 均为常数时,由电导率 κ 的变化必将引起 E_m 作相应变化,所以测量 E_m 的大小,也就测得液体电导率的数值。

(三)数字电导率仪

DDS - 11A(T)、DDS - 12A(T)及 DDS - 307(T)数字电导率仪采用相敏检波技术和纯水电导率温度补偿技术。仪器特别适用于纯水、超纯水电导率测量。

1. 主要技术性能

测量范围　　　　　　　　　　　　　0 ~ 2S/cm

精确度　　　　　　　　　　　　　　±1%

温度补偿范围　　　　　　　　　　　1 ~ 18mS/cm 纯水

2. 仪器的使用

(1)DDS - 11A(T)

① 接通电源,预热 30min。

② 将温度补偿电位器（W_1）旋钮刻度线对准25℃，按下"校正"键，调节"校正"电位器（W_2），使显值与所配用电极常数相同。例如，电极常数为1.08，调节仪器数显为1.080；电极常数为0.86，调节仪器数显为0.860；若电极常数为0.01、0.1或10的电极，必须将电极上所标常数值除以标称值。如，电极上所标常数为10.5，则调节仪器数显为1.050。即

$$\frac{10.5（电极常数值）}{10（电极常数标称值）} = 1.050 \qquad\qquad (4-57)$$

调节"校正"电位器时，电导电极需浸入待测溶液。

（2）DDS-12A（T）

① 接通电源，预热30min。

② 温度补偿钮置25℃刻度值。将仪器测量开关置"校正"档，调节常数校正钮，使仪器显示电导池实际（系数）值。当 $J_实 = J_0$ 时，仪器显示1.000；$J_实 = 0.95J_0$ 时，仪器显示0.950；$J_实 = 1.05J_0$ 时，仪器显示1.050；选择合适规格常数电极，根据电极实际电导池常数，仪器进行校正后，仪器可直接测量液体电导率。

（3）DDS-307（T）

① 接通电源，预热30min。

② 将选择开关指向"检查"，"常数"补偿调节旋钮指向"Ⅰ"刻度线。"温度"补偿调节旋钮指向"25"度线，调节"校准"旋钮，使仪器显示100.0μS/cm，至此校准完毕。

测定时，按下相应的量程键，仪器读数即是被测溶液的电导率值。

若电极常数标称值不是1，则所测的读数应与标称值相乘，所得结果才是被测溶液的电导率值。如电极常数标称值是0.1，测定时，数显值为1.85μS/cm，则此溶液实际电导率值是：

$$1.85 \times 0.1 = 0.185 \mu S/cm$$

电极常数标称值是10，测定时，数显值为284μS/cm，则此溶液实际电导率值是：

$$284 \times 10 = 2840 \mu S/cm = 2.84 mS/cm$$

温度补偿的使用：

a. 根据所测纯水纯度（MΩ·cm），将纯水补偿转换开关（K_2）置于相应挡位，温度补偿置于25℃。

b. 按下校正键，调节校正旋钮，按电极常数调节仪器数显值。

c. 按下相应量程，调节温度补偿器（W）至纯水实际温度值，仪器数显值即换算成25℃时纯水的电导率值。

注意事项：

a. 电极的引线，连接杆不能受潮，沾污。

b. 在K（量程转换开关）转换时，一定要对仪器重新校正。

c. 电极选用一定要按表4-13规定，即低电导时（如纯水）用光亮电极，高电导时用铂黑电极。

d. 应尽量选用读数接近满度值的量程测量，以减少测量误差。

e. 校正仪器时，温度补偿电位器（W_1）必须置于25℃位置。

f. （W_1）置于 25℃，K_2 不变，各量程的测量结果均未温度补偿。

表 4 – 13　电极选用表

量程	开关（K_1）	测量范围（μS/cm）	采用电极
0～2		0～2	J = 0.01 或 0.1 电极
0～20	μS/cm	0～20	J = 1 光亮电极
0～200		0～200	DJS – 1 铂黑电极
0～2		0～2000	DJS – 1 铂黑电极
0～20	mS/cm	0～20000	DJS – 1 铂黑电极
0～20		0～2×10⁵	DJS – 10 铂黑电极
0～200		0～2×10⁶	DJS – 10 铂黑电极

电导池常数的测定方法：

先将已知电导率的标准氯化钾溶液装入电导池，测定其电导 L。由附录八查得实验温度时标准氯化钾溶液的电导率 κ。按下式计算电导池常数 K 值。

$$L = \kappa \frac{A}{l} = \frac{\kappa}{K}$$

式中，K 为电导池常数。

第八节　常用电气仪表

一、电气测量指示仪表的一般知识

1. 分类

电气测量指示仪表种类繁多，分类方法也很多。了解电气测量仪表的分类，有助于认识它们所具有的特性，对我们了解概况也有一定的帮助。

（1）根据电气测量指示仪表的工作原理分类主要有下列几种：磁电系、电磁系、电动系、感应系、整流系、静电系、热电系、电子系。

（2）根据使用方式分类　开关板式与可携式仪表。

开关板式仪表（简称"板式表"），通常固定在开关板或某一装置上，一般误差较大，价格较低。

可携式（实验室用）仪表，通常做成可携型式。这种仪表一般误差较小（即准确度较高），价格较贵。

（3）根据测量名称分类　电流表（安培表、毫安表、微安表），电压表（伏特表、微伏表），功率表，高阻表，欧姆表，电度表，相位表，频率表以及多种用途的仪表（万用表、电压电流表）等等。

（4）根据仪表的工作电流种类分类　直流仪表、交流仪表，交直流两用仪表。

此外，按仪表的准确度等级可分为 0.1、0.2、0.5、1.0、1.5、2.5、5 七级；按仪表对电场、磁场的防御能力可分为Ⅰ、Ⅱ、Ⅲ、Ⅳ四级；按仪表的使用条件可分为 A、B、C 三组。

2. 仪表的组成与误差

（1）仪表的组成 电气测量仪表的种类很多，但是它们的主要作用都是将被测电量换成仪表活动部分的偏转角位移。为了将被测电量换成角位移，电气测量指示仪表通常由测量机构和测量线路两部分组成。

测量线路的作用是将被测电量 x（如电压、电流、功率等）变换成测量机构可以直接测量的电磁量。电压表的附加电阻、电流表的分流器等都是测量线路。

测量机构是仪表的核心部分，仪表的偏转角位移是靠它实现的。

（2）仪表误差分类 任何 1 个仪表测量时都有误差。它说明仪表的指示值（简称"示值"）和被测量的实际值（通常以标准仪表的示值作为被测量的实际值）之间的差异程度。准确度则说明仪表示值与被测的实际值相符合的程度，误差愈小，准确度就愈高。

根据引起误差的原因，可将误差分为两种。

① 基本误差 指仪表在规定的正常条件下，进行测量时所具有的误差，它是仪表本身所固有的，是由于结构和制作上的不完善而产生的。如活动部分因轴承的磨擦和刻度划分不精密等原因所引起的误差，都属于基本误差。

仪表正常工作条件是指：仪表指针调整到零点；仪表按规定的工作位置放置；周围温度是 20℃，或是仪表上所标温度；除地磁外，没有外来磁场；对于交流仪表来说，电流的波形是正弦波，频率是所规定的。

② 附加误差 当仪表在非正常工作条件下工作时，除上述基本误差之外，还会出现附加的误差，称为"附加误差"。如温度、外磁场等不符合仪表正常条件时，都会引起附加误差。

（3）仪表准确度及其表示方法 仪表准确度的概念。实验室中常用的指示仪表是单向标度尺的仪表，它的准确度是以标度尺工作部分量限的百分数表示的。若以 K 表示它的准确度的等级，则有：

$$\pm K\% = \frac{\Delta_m}{A_m} \times 100 \tag{4-58}$$

式中，Δ_m 为以绝对误差表示最大基本误差；A_m 为测量上限。

仪表准确度等级符号都在仪表的标度盘上表示出来。目前我国生产的电气测量指示仪表，根据国家标准的规定，准确度分为 0.1、0.2、0.5、1.0、1.5、2.5、5.0 七级。由于我国旧标准中准确度最后一级为 4.0 级，所以目前产品目录中还保留了 4.0 级。此外，由于仪表制造业的不断发展，目前已出现准确度为 0.05 级的指示仪表。

各等级准确度的指示仪表在规定条件下，使用时的基本误差不应超出表 4-14 所规定值。

表 4-14 各级仪表基本误差

仪表准确度等级	0.1	0.2	0.5	1.0	1.5	2.5	5.0
基本误差（%）	±0.1	±0.2	±0.5	±1.0	±1.5	±2.5	±5.0

（4）用仪表的准确度估计测量误差 以化学实验中使用较多的单向标度尺的指示仪表为例，若该仪表准确度等级为 K，则仪表在规定条件下进行测量时，出现的最大绝

对误差为：

$$\Delta_m = \pm K\% \times A_m \tag{4-59}$$

仪表在测量时，得到读数如为 A_x，则测量结果可能出现的最大相对误差为：

$$\gamma = \frac{\Delta_m}{A_x} \times 100\% = \pm \frac{K\% \times A_m}{A_x} \times 100\% \tag{4-60}$$

例如在测定溶解热实验中，若采用准确度为 0.5 级、量限为 1A 的电流表，在规定条件下测量出电流读数为 0.6A，则其可能出现的最大绝对误差为：

$$\Delta_m = \pm K\% \times A_m = (\pm 0.005) \times 1 = \pm 0.005(A)$$

而测量结果可能出现的最大相对误差为：

$$\gamma = \frac{\Delta_m}{A_x} \times 100\% = \frac{\pm 0.005}{0.6} = \pm 0.8\%$$

可以看出，当仪表没有处于满刻度偏转时，测量结果的准确度不仅受仪表准确度的影响，而且还与测量数值的大小有关。只有当仪表处于满刻度偏转时，测量结果的准确度才等于仪表的准确度。因此，仪表的准确度与测量结果的准确度并不是一回事，这在选用仪表时应予考虑。

（5）仪表的灵敏度和仪表常数　测量过程中，如果被测量值变化 1 个很小的 Δ_x 值，引起测量仪表活动部分偏转角改变 Δ_a，则 Δ_a 与 Δ_x 的比值称为该仪表的灵敏度，用符号 s 表示：

$$s = \frac{\Delta_a}{\Delta_x} \tag{4-61}$$

当 $\Delta_x \rightarrow 0$ 时

$$s = \lim_{\Delta_x \rightarrow 0} \frac{\Delta_a}{\Delta_x} = \frac{da}{dx} \tag{4-62}$$

若仪表为均匀刻度，则

$$s = \frac{a}{x} \tag{4-63}$$

灵敏度等于单位被测电量引起测量仪表偏转的分度。例如在镀银电极时，应用毫安表调节电流为 3mA，该表偏转 3 分度，该表的灵敏度为：

$$s = \frac{3\ 分度}{3mA} = 1\ 分度/mA$$

灵敏度的倒数为"仪表常数"，并用符号 c 表示，即 $c = \frac{1}{s}$，则上述毫安表的仪表常数为：

$$c = \frac{1}{s} = 1\ \frac{mA}{分度} = 1 \times 10^{-3} A/分度$$

灵敏度是电学仪表的重要技术特性之一，c 的数值愈小，s 的数值愈大，则仪表灵敏度愈高。

（6）仪表的正确使用　使用仪表时，为了防止引起附加误差，必须使仪表处于正常的工作条件下工作。如应使仪表按规定放置，仪表要远离外磁场，使用前应使仪表指针指在零位。测量时，必须注意正确读数。在读取仪表指示值时，应该使视线与仪表标尺平面垂直。如果仪表标尺表面上带镜子，那么，读数时应使指针与镜中的针影重合。这样可以大大减少和消除读数误差，提高读数的准确性。

3. 指示仪表的表面标记

每一个电气测量指示仪表的表面上，有多种符号的表面标记，它们显示了仪表的基本技术特性。只有识别它之后，才能正确地选择和使用仪表。现将常见的表面标记符号列于表 4-15。

表 4-15　常用电气测量指示仪表的符号

名　称	符　号	名　称	符　号
千安	kA	千赫	kHz
安培	A	赫兹	Hz
毫安	mA	兆兆欧	$T\Omega$
微安	μA	兆欧	$M\Omega$
千伏	kV	千欧	$k\Omega$
伏特	V	欧姆	Ω
毫伏	mV	毫欧	$m\Omega$
微伏	μV	微欧	$\mu\Omega$
兆瓦	MW	相位角	φ
千瓦	kW	功率因数	$\cos\varphi$
瓦特	W	无功功率因数	$\sin\varphi$
兆乏	MVar	库仑	C
千乏	kVar	毫韦伯	mWb
乏尔	Var	毫韦伯/米^2	mWb/m^2
微法	μF	亨	H
皮法	pF	毫亨	mH
摄氏温度	℃	微亨	μH
兆赫	MHz		

二、直流电流表与电压表

实验室中用于测量直流电路中电流和电压的仪表主要是磁电系仪表。

磁电系仪表的结构特点是具有永久磁铁和活动的线圈。对于磁电系仪表来说，磁路系统是固定的，而活动部分是活动线圈，指示器（如指针）、转轴（或振丝、悬丝）等。

1. 电流表

磁电系测量机构用做电流表时，只要被测电流不超过它所能容许的电流值，就可以直接与负载串联进行测量。但是，磁电系测量机构所允许的电流往往是很微小的，因为动圈本身导线很细，电流过大会因过热使动圈绝缘烧坏。同时引入测量机构的电流必须经过游丝，因此电流也不能大，否则游丝会因过热而变质。磁电系测量机构可以直接测量的电流范围一般在几十微安到几十毫安之间。如果要用它来测量较大的电流时，就必须扩大量限，主要采用分流方法。

2. 电压表

磁电系测量机构用来测量电压时，将测量机构并联在电路中，被测电压的两个端点之间，$U_c = I_c R_c$，根据仪表指针偏转可以直接确定 a、b 两点间电压 U。由于磁电系测量机构仅能通过极微小的电流，所以它只能测量很低的电压。为了能测量较高电压，又不使测量机构内超过容许的电流值，可以在测量机构上串联 1 个附加电阻 R_{fl}。这时 I_c 为

$$I_c = \frac{R_{fl} + R}{U} \tag{4-64}$$

只要附加电阻 R_{fl} 恒定不变，I_c 与被测两点间电压大小相关。电压表串联了几个不同附加电阻，就可以制成多量限的电压表。

用电压表测量电压时，内阻愈大则对被测电路影响愈小。电压表各量限的内阻与相应电压量的比值为一个常数，这常数常常在电压表铭牌上标明，它的单位"欧姆/伏特"，它是电压表一个重要参数。例如量限 100V 的电压表，内阻为 200 000Ω，则该电压表内阻参数可表示为 2000Ω/V。

3. 使用注意事项

（1）使用电流表和电压表时，其量程要选择合适。电流表与电路串联，电压表与电路并联，不可接错。

（2）在直流电路中，应特别注意电流表与电压表的正、负极性接法。在直流电流表与直流电压表的接线柱旁都有"＋"和"－"符号。电流从电源正极到负极，电流表串联在电路中应当从电流表的"＋"极到"－"极。直流电压表也应当根据这个原则接线。

附 录

附录一　中华人民共和国法定计量单位

附表1-1　国际单位制的基本单位

量的名称	单位名称	单位符号
长度	米	m
质量	千克（公斤）	kg
时间	秒	s
电流	安培	A
热力学温度	开（尔文）	K
物质的量	摩尔	mol
发光强度	坎（德拉）	cd

附表1-2　国际单位制中的具有专门名称的导出单位

量的名称	单位名称	单位符号	其他表示式
频率	赫（兹）	Hz	s^{-1}
力、重力	牛顿	N	kg/S^2
压强、压力、应力	帕（斯卡）	Pa	N/m
能量、功、热	焦（尔）	J	$N \cdot m$
功率、辐射通量	瓦（特）	W	J/S
电荷量	库（仑）	C	$A \cdot S$
电位、电压、电动热	伏（特）	V	W/V
电容	法（拉）	F	C/V
电阻	欧姆	Ω	V/A
电导	西（门子）	S	A/V
磁通量	韦（伯）	Wb	$V \cdot S$
电感	亨（利）	H	Wb/A
摄氏温度	摄氏度	℃	
光通量	流（明）	lm	$cd \cdot S_r$
吸附剂量	戈（瑞）	Gy	J/kg
剂量当量	希（沃特）	S_v	J/kg

附表1-3　国家选定的非国际单位制单位

量的名称	单位名称	单位符号	换算关系和说明
时间	分	min	$1min = 60s$
	（小）时	h	$1d = 24h = 86400s$
	天（日）	d	$1h = 60min = 3600s$

续表

量的名称	单位名称	单位符号	换算关系和说明
平面角	角（秒）	(″)	$1″ = (\pi/64800)\,rad$
	角（分）	(′)	$1′ = 60″ = (\pi/10800)\,rad$
	度	(°)	$1° = 60′ = (\pi/180)\,rad$
旋转速率	转每分	r/min	$1r/min = (1/60)/s$
长度	海里	nmile	$1nmile = 1852m$（只用于航行）
质量	吨	t	$1t = 10^3\,kg$
体积	升	L	$1L = 1dm^3 = 10^{-3}\,m^3$
能	电子伏	eV	$1eV = 1.60221892 \times 10^{-9}$
线密度	特（克斯	tex	$1tex = 1g/km$

附表 1-4　部分法定计量单位与非法定计量单位换算表

$1m = 10^9\,nm = 10^{10}\,\text{Å}$

$1N = 10^5\,dyn$

$1Pa = 10dyn/cm^2 = 7.501 \times 10^{-3}\,mmHg\ (Torr) = 90869 \times 10^{-6}\,atm$

$1J = 10^7\,erg = 0.2390cal$

$1Pa \cdot S = 10P = 10^3\,CP$

附录二　常用物理常数表

常数名称	符号	数值	单位（SI）	单位（CGS）
真空光速	c	2.99792458	$10^8\,m/s$	$10^{10}\,cm/s$
真空介电常数	ε	8.85418782	$10^{-12}\,F/m$	
电子电荷	e	1.06021892	$10^{-19}\,C$	
		4.803242		$10^{-10}\,esu$
原子质量单位	u	1.6805565	$10^{-27}\,kg$	
电子静质量	m_e	0.9109534	$10^{-30}\,kg$	
质子静质量	m_p	1.6726485	$10^{-27}\,kg$	
电子荷质比	e/m_e	1.7588047	$10^{11}\,C/kg$	
		50272764		$10^{17}\,esu/g$
Bohr 磁子	μ_B	9.274078	$10^{-24}\,J/T$	$10^{-21}\,erg/g$
Avogadro 常数	N_A	6.022045	$10^{23}/mol$	$10^{23}/mol$
Boltzman 常数	K	1.380662	$10^{23}/mol$	
Faraday 常数	F	9.648456	$10^4/mol$	
		2.8925342		$10^{14}\,esu/mol$
Planck 常数	h	6.626176	$10^{-34}\,J \cdot s$	$10^{-27}\,erg \cdot s$
气体常数	R	8.31441	$J/(K \cdot mol)$	$erg/(C \cdot mil)$
万有引力常数	G	6.6720	$10^{-11}(N \cdot m^2)/kg^2$	$10^{-8}(dyn \cdot cm^2)/g$
重力加速度	g	9.80665	m/s^2	$10^2\,cm/s^2$

附录三　彼此饱和的两种液体的界面张力

液　体	t(℃)	σ（mN/m）	液体	t(℃)	σ（mN/m）
水 – 正己烷	20	51.1	水 – 甲苯	25	36.1
水 – 正辛烷	20	50.8	水 – 乙基苯	17.5	31.35
水 – 四氯化碳	20	45	水 – 苯甲醇	22.5	4.75
水 – 乙醚	18	10.7	水 – 苯胺	20	5.77
水 – 异丁醇	18	2.1	汞 – 正辛烷	20	374.7
水 – 异戊醇	20	5.0	汞 – 异丁醇	20	342.7
水 – 二丙胺	20	1.66	汞 – 苯	20	357.2
水 – 庚酸	20	7.0	汞 – 甲苯	20	359
水 – 苯	20	35.0	汞 – 乙醚	20	379
水 – 正辛烷	20	8.5	液体	25	36.1

附录四　不同温度时水的密度、黏度及与空气界面上的表面张力

t（℃）	d（g/cm³）	η（10^{-3}Pa · S）	σ（mN/m）
0	0.99987	1.787	75.64
5	0.99999	1.519	74.92
10	0.99973	1.307	74.22
11	0.99963	1.271	74.07
12	0.99952	1.235	73.93
13	0.99940	1.202	73.78
14	0.99927	1.169	73.64
15	0.99913	1.139	73.49
16	0.99897	1.109	73.34
17	0.99880	1.081	73.19
18	0.99862	1.053	73.05
19	0.99843	1.027	72.90
20	0.99823	1.002	72.75
21	0.99802	0.9779	72.59
22	0.99780	0.9548	72.44
23	0.99756	0.9325	72.28

续表

t（℃）	d（g/cm³）	η（10⁻³Pa·S）	σ（mN/m）
24	0.99732	0.9111	72.13
25	0.99707	0.8901	71.97
26	0.99681	0.8705	71.82
27	0.99654	0.8513	71.66
28	0.99626	0.8327	71.50
29	0.99597	0.8148	71.35
30	0.99567	0.7975	71.18
40	0.99224	0.6529	69.56
50	0.98807	0.5468	67.91
90	0.96534	0.3147	60.75

附录五　不同温度时一些物质的密度

单位：（g/cm³）

物质	温度						
	0℃	10℃	20℃	30℃	40℃	50℃	60℃
丙烯醇	0.8681			0.8421			
苯胺	1.0390	1.0303	1.0218	1.0131	1.0045	0.9958	0.9872
丙酮	0.8125	0.8014	0.7905	0.7793	0.7682	0.7560	
乙腈	0.8035	0.7926	0.7822	0.7713			
苯乙酮				1.0194	1.0106	1.0021	0.9757
苯甲醇	1.0608	1.0532	1.0454	1.0367	1.0297	1.0219	
苯		0.8895	0.8790	0.8685	0.8576	0.8466	0.8357
溴苯	1.5218	1.5083	1.4952	1.4815	1.4682	1.4546	1.4411
水	0.9999	0.9997	0.9982	0.9957	0.9922	0.9881	0.9832
己烷	0.6770	0.6683	0.6583	0.6505	0.6412	0.6318	0.6229
甘油	1.2734	1.2671	1.2613	1.2552	1.2490	1.2423	1.2359
乙醚	0.7363	0.7250	0.7135	0.7018	0.6898	0.6775	0.6650
甲醇	0.8067	0.8000	0.7915	0.7825	0.7740	0.7650	0.7555
甲酸甲酯	1.0032	0.9886	0.9742				
硝基苯	1.2231	1.2131	1.2033	1.1936	1.1837	1.1740	1.1638
氮杂苯	1.0030	0.9935	0.9820	0.9729	0.9629	0.9526	0.9424
汞	13.595	13.571	13.546	13.522	13.497	13.473	13.449
二硫化碳	1.2927	1.2778	1.2632	1.2482			
硫茂			1.0647	1.2482			
甲苯	0.8855	0.8782	0.8670	0.8580			
乙酸			1.0491	1.0392	1.0282	1.0175	1.0060
乙酐	1.1053	1.0930	1.0810	1.0690	1.0567	1.0443	
苯肼			1.0981	1.0899	1.0817	1.0737	1.0653
氯苯	1.1227	1.1171	101062	1.0954	1.0846	1.0742	1.0636
三氯甲烷	1.5264	1.5077	1.4890	1.4700	1.4509	1.4334	1.4114
四氯化碳	1.6326	1.6135	1.5941	1.5748	1.5557	1.5361	1.5163
乙醇	0.8063	0.7979	0.7895	0.7810	0.7720	0.7632	0.7544

附录六　不同温度时一些液体的黏度

物质	黏度 η（10^{-3}Pa·S）						
	0℃	10℃	20℃	30℃	40℃	50℃	60℃
丙烯醇			10.72				
苯胺		6.55	4.48	3.19	2.41	1.89	1.56
丙酮	397	3.61	3.25	2.96	2.71	2.46	
乙腈			2.91	2.78			
苯乙酮				15.11	12.65	11.00	
苯甲醇				4.65			
苯	9.00	7.57	6.47	5.66	4.82	4.36	3.95
溴苯	15.2	12.75	11.23	9.85	8.90	7.90	7.20
水	17.92	13.10	10.09	8.00	6.54	5.49	4.69
己烷	3.97	3.55	3.20	2.90	2.64	2.48	2.21
甘油	121.1	39.50	14.8	5.87	3.30	1.80	1.02
乙醚	2.79	2.58	2.34	2.13	1.97	1.80	1.66
甲醇	8.17		5.84		4.50	3.96	3.51
甲酸甲酯	4.29	3.81	3.46	3.19			
硝基苯	30.9	23.0	20.30	16.34	14.40	12.40	10.90
氮杂苯	13.6	11.3	9.58	8.29	7.24	6.39	5.69
汞	16.85	16.15	15.54	14.99	14.50	14.07	13.67
二硫化碳	4.33	3.96	3.66	3.41	3.19		
硫茂			6.62	5.84			
甲苯		6.68	5.90	5.26	4.67		
乙酸			12.2	10.4	9.0	7.4	7.0
醋乙酐				7.83			
苯肼			4.56	4.40	4.04		
氯苯	10.60	9.10	7.94	7.11	6.40	5.71	5.20
三氯甲烷	6.99	6.25	5.68	5.14	4.64	4.24	3.89
四氯化碳	13.29	11.32	9.65	8.43	7.39		5.85
乙醇	17.85	14.51	11.94	9.91	8.23	7.61	5.91

附录七　不同温度时一些液体的表面张力

化合物	σ（mN/m）						
	0℃	10℃	20℃	30℃	40℃	50℃	60℃
丙烯醇			25.63	24.92			
苯胺	45.42	44.38	43.30	42.24	41.20	40.10	38.40
丙酮	25.21	25.00	23.32	22.01	21.16	19.90	18.61
乙腈			29.10	27.80			
苯乙酮		39.50	38.21				
苯甲醇			29.96	38.94			
苯		30.26	28.90	27.61	26.26	24.98	23.72
溴苯		36.34	35.09				
水	75.64	74.22	72.75	71.78	69.56	67.91	66.18
己烷	20.25	19.40	18.42	17.40	16.35	15.30	14.20
甘油			63.40				
乙醚			17.40	15.95			
甲醇	24.50	23.50	22.60	21.80	20.90	20.10	19.30
甲酸甲酯			24.64	23.09			
硝基苯	46.40	45.20	43.90	42.70	41.50	40.20	39.00
氮杂苯			38.00		35.00		
二硫化碳			32.25	30.79			
硫茂			33.10		30.10		
甲苯	30.80	29.60	23.53	27.40	26.20	25.00	23.80
乙酸	29.70	28.80	27.63	26.80	25.80	24.65	23.80
乙酐			32.65	31.22	30.05	29.00	
苯肼			45.55	44.31			40.40
氯苯	36.00	34.80	33.28	32.30	31.10	29.90	28.70
三氯甲烷		28.50	27.28	25.89			21.73
四氯化碳	29.38	28.05	26.70	25.54	24.41	23.22	22.38
乙醇	24.05	23.14	22.32	21.48	20.60	19.80	19.01
正庚烷		21.12	20.14	19.17	18.18	17.20	16.22
十六烷			27.47	26.62	25.76	24.91	24.06

附录八　不同温度时 KCl 水溶液的电导率

$t(℃)$	$\kappa(\text{S/m})$		
	0.01mol/L	0.02mol/L	0.10mol/L
10	0.001020	0.001940	0.00933
11	0.001045	0.002043	0.00956
12	0.001070	0.002093	0.00979
13	0.001095	0.002142	0.01002
14	0.001021	0.002193	0.01025
15	0.001147	0.002243	0.01048
16	0.001173	0.002294	0.01072
17	0.001199	0.002345	0.01095
18	0.001225	0.002397	0.01119
19	0.001251	0.002449	0.01143
20	0.001278	0.002501	0.01167
21	0.001305	0.002553	0.01191
22	0.001332	0.002606	0.01215
23	0.001359	0.002659	0.01239
24	0.001386	0.002712	0.01264
25	0.001413	0.002765	0.01288
26	0.001441	0.002819	0.01313
27	0.001468	0.002873	0.01337
28	0.001496	0.002927	0.01362
29	0.001524	0.002981	0.011387
30	0.001552	0.003036	0.01412
31	0.001581	0.003091	0.01437
32	0.001609	0.003146	0.01462
33	0.001638	0.003201	0.01488
34	0.001667	0.003256	0.01513
35		0.003312	0.01539

附录九　某些表面活性剂的临界胶束浓度

表面活性剂	温度（℃）	CMC（mol/L）
氯化十六烷基三甲胺	25	1.6×10^{-2}
溴化十六烷基三甲胺		9.12×10^{-5}
溴化十六烷基吡啶		1.23×10^{-2}
辛烷基磺酸钠	25	1.5×10^{-1}
辛烷基硫酸酯	40	1.36×10^{-1}
十二烷基硫酸酯	40	8.6×10^{-3}
十四烷基硫酸酯	40	2.4×10^{-3}
十六烷基硫酸酯	40	5.8×10^{-4}
十八烷基硫酸酯	40	1.7×10^{-4}
硬脂酸钾	50	4.5×10^{-4}
氯化十二烷基胺	25	1.6×10^{-2}
月桂酸钾	25	1.25×10^{-2}
十二烷基磺酸酯	25	9.0×10^{-3}
十二烷基聚乙二醇（6）醚	25	8.7×10^{-5}
丁二酸二辛基磺酸钠	25	1.24×10^{-2}
蔗糖单月桂酸酯		2.38×10^{-2}
蔗糖单棕榈酸酯		9.5×10^{-2}
吐温 20	25	6×10^{-2}（以下 g/L）
吐温 40	25	3.1×10^{-2}
吐温 60	25	2.8×10^{-2}
吐温 65	25	5.0×10^{-2}
吐温 80	25	1.4×10^{-2}
吐温 85	25	2.3×10^{-2}
油酸钾	50	1.2×10^{-3}
松香酸钾	25	1.2×10^{-2}
辛基 $-\beta-$ D $-$ 葡萄糖苷	25	2.5×10^{-2}
对十二烷基苯磺酸钠	25	1.4×10^{-2}

附录十　某些表面活性剂的 HLB 值

化学名称	商品名	HLB
失水山梨醇三油酸酯	司盘 85	1.8
失水山梨醇三硬脂酸酯	司盘 65	2.1
单硬脂酸丙二醇酯		3.4
失水山梨醇倍半油酸酯	司盘 83	3.7
失水山梨醇单油酸酯	司盘 80	4.3
月桂酸丙二酯	阿特拉斯 G－917	4.5
失水山梨醇单硬脂酸酯	司盘 60	4.7
单硬脂酸甘油酯		5.5
失水山梨醇单棕榈酸酯	司盘 40	6.7
阿拉伯胶		8.0
失水山梨醇单月桂酸酯	司盘 20	8.6
聚氧乙烯月桂醇醚	司盘 20	8.6
聚氧乙烯月桂醇醚	苄泽 30	9.5
明胶		9.8
甲基纤维素		10.5
聚氧乙烯失水山梨醇三硬脂酸酯	吐温 65	10.5
聚氧乙烯失水山梨醇三油酸酯	吐温 85	11.0
聚氧乙烯单硬脂酸酯	卖泽 45	11.1
聚氧乙烯 400 单乙酸酯		11.4
烷基芳基磺酸盐 3300	阿特拉斯 G－3300	11.7
油酸三乙醇胺		12.0
聚氧乙烯烷基酚		12.8
聚氧乙烯脂脑醇醚	乳白灵 A	13.0
西黄蓍胶		13.2
聚氧乙烯失水山梨醇单硬脂酸酯	吐温 60	14.9
聚氧乙烯壬烷基酚醚	乳化剂 OP	15.0
聚氧乙烯失水山梨醇单油酸酯	吐温 80	15.0
聚氧乙烯失水山梨醇单棕榈酸酯	吐温 40	15.6
聚氧乙烯聚氧丙烯共聚物	普流罗尼 F68	16.0
聚氧乙烯月杜醇醚	平平加 0－20	16.0
聚氧乙烯十六醇醚	西土马哥	16.4
聚氧乙烯失水山梨醇单月杜酸酯	吐温 20	16.7
聚氧乙烯单硬脂酸酯	苄泽 52	16.9
油酸钠		18.0
油酸钾		20.0
烷基芳基磺酸盐 263	阿特拉斯 G－263	25~30
月杜醇硫酸钠		40.0

附录十一 不同温度时无限稀释离子的摩尔电导率

单位：$[10^{-4}(S \cdot m^2)/mol]$

离 子	0℃	18℃	25℃	50℃
H^+	240	314	350	465
K^+	40.4	64.4	74.5	115
Na^+	26.0	43.5	50.9	82
NH_4^+	40.2	64.5	74.5	115
Ag^+	32.9	54.3	63.5	101
$1/2Ba^{2+}$	33	55	65	104
$1/2Ca^{2+}$	30	51	60	98
$1/3La$	35	61	72	119
OH^-	105	172	192	284
Cl^-	41.1	65.5	75.5	116
NO_3^-	40.4	61.7	70.6	104
$C_2H_3O_2^{2-}$	20.3	34.6	40.8	67
$1/2SO_4^{2-}$	41	68	79	125
$1/2C_2O_4^{2-}$	39	63	73	115
$1/3C_6H_5O_7^{3-}$	36	60	70	113
$1/4Fe(CN)_6^{4-}$	58	95	111	173

附录十二 有关蛋白质的常用数据

附表 12-1 常见蛋白质等电点参考值（单位：pH）

蛋白质	等电点
鲑精蛋白	12.1
鲱精蛋白	12.1
鲟精蛋白	11.71
溶菌酶	11.0～11.2
胸腺组蛋白	10.8
抗生物素蛋白	10.5
胃蛋白酶	10.0 左右
细胞色素 c	9.8～10.1
α-糜蛋白酶	8.8
γ-球蛋白（人）	8.2，7.3
鲸肌红蛋白	8.2
糜蛋白酶（胰凝乳蛋白酶）	8.1
核糖核酸酶（牛胰脏）	7.8

续有

蛋白质	等电点
球蛋白（人）	7.5
马肌红蛋白	7.4
鸡血红蛋白	7.23
伴清蛋白	7.1, 6.8
人血红蛋白	7.07
马血红蛋白	6.92
γ-球蛋白	6.85~7.3
促生长素	6.85
胶原蛋白	6.6~6.8
人碳酸酐酶	6.5
肌浆蛋白 A	6.3
牛碳酸酐酶	6.0
β-眼晶体蛋白	6.0
铁传递蛋白	5.9
β-卵黄脂磷蛋白	5.9
γ-酪蛋白	5.8~6.0
人 γ-球蛋白	5.8, 6.6
催乳素	5.73
干扰素	5.7~7.0
蚯蚓血红蛋白	5.6
血纤蛋白原	5.5~5.8
卵黄类黏蛋白	5.5
刀豆球蛋白 A	5.5
α-脂蛋白	5.5
β-脂蛋白	5.5
胰岛素	5.35
牛痘病毒	5.3
肌球蛋白 A	5.2~5.5
组织促凝血酶原激酶：凝血因子 I	5.2
β-乳球蛋白	5.1~5.3
β-球蛋白	5.12
原肌球蛋白	5.1
花生球蛋白	5.1
α-球蛋白	5.06
牛血清白蛋白	4.9
鱼胶	4.8~5.2
卵黄蛋白	4.80~5.0
α-眼晶体蛋白	4.8
卵白蛋白	4.71, 4.59
白明胶	4.7~5.0
藻清蛋白	4.65
血蓝蛋白	4.6~6.4
人血清白蛋白	4.64

续有

蛋白质	等电点
无脊椎血红蛋白	4.6~6.2
还原角蛋白	4.6~4.7
甲状腺球蛋白	4.58
大豆胰蛋白酶抑制剂	4.55
β-酪蛋白	4.5
视紫质	4.47~4.57
血绿蛋白	4.3~4.5
葡萄糖氧化酶	4.15
α-酪蛋白	4.0~4.1
α₁-抗胰蛋白酶	
胸腺核组蛋白	4.0左右
α-卵类黏蛋白	3.38~4.41
芜青黄花病毒	3.75
角蛋白	3.7~5.0
肌清蛋白	3.5
胎球蛋白	3.4~3.5
尿促性腺激素	3.2~3.3
家蚕丝蛋白	2.0~2.4
α-黏蛋白	1.8~2.7

附表 12-2　常见蛋白质分子量参考值

蛋白质	分子量
巨豆尿素酶	480000
铁蛋白	440000
麻仁球蛋白	310000
过氧化氢酶	232000
黄嘌呤氧化酶	181000
牛 γ-球蛋白	165000
酵母醇脱氢酶	140000
兔肌脱氢酶	135000
β-半乳糖苷酶	130000
血清白蛋白	68000
延胡索酸酶（反丁烯二酸酶）	49000
脂肪酶	48000
卵清蛋白	43000
乳酸脱氢酶	36000
胃蛋白酶	35000
木瓜蛋白酶（羧甲基）	23000
大豆胰蛋白酶抑制剂	215000
溶菌酶	143000
核糖核酸酶	13700
细胞色素 c	12200

附录十三　常用缓冲剂的配制

附表 13 - 1　乙酸 - 乙酸钠缓冲液（2mol/L，pH 3.6~5.8）

pH（18℃）	0.2mol/L NaAc（ml）	0.2mol/L HAc（ml）	pH（18℃）	0.2mol/L NaAc（ml）	0.2mol/L HAc（ml）
3.6	0.75	9.25	4.8	5.90	4.10
3.8	1.20	8.80	5.0	7.00	3.00
4.0	1.80	8.20	5.2	7.90	2.10
4.2	2.65	7.35	5.4	8.60	1.40
4.4	3.70	6.30	5.6	9.10	0.90
4.6	4.90	5.10	5.8	9.40	0.60

附表 13 - 2　磷酸氢二钠 - 磷酸二氢钠缓冲液（2mol/L，pH 5.8~8.0）

pH	0.2mol/L Na_2HPO_4（ml）	0.2mol/L NaH_2PO_4（ml）	pH	0.2mol/L Na_2HPO_4（ml）	0.2mol/L NaH_2PO_4（ml）
5.8	8.0	92.0	7.0	61.0	39.0
6.0	12.3	87.7	7.2	72.0	28.0
6.2	18.5	81.5	7.4	81.0	19.0
6.4	26.5	73.5	7.6	87.0	13.0
6	37.5	62.5	7.8	91.0	8.5
6.8	49.0	51.0	8.0	94.7	5.3

附表 13 - 3　硼砂 - 硼酸缓冲液

pH	0.2mol/L 硼砂（ml）	0.2mol/L 硼酸（ml）	pH	0.2mol/L 硼砂（ml）	0.2mol/L 硼酸（ml）
7.4	1.0	9.0	8.2	3.5	6.5
7.6	1.5	8.5	8.4	4.5	5.5
7.8	2.0	8.0	8.7	6.0	4.0
8.0	3.0	7.0	9.0	8.0	2.0

附表 13 - 4　Tris（三羟甲基氨基甲烷）- 盐酸缓冲液（0.05mol/L，pH 7.0~9.0）

Xml 0.2mol/L Tris + Ymol 0.1mol/L HCl，加水至 100ml

pH		0.2mol/L Tris	0.1mol/L HCl	pH		0.2mol/L Tris	0.1mol/L HCl
23℃	37℃			23℃	37℃		
9.10	8.95	25	5	8.05	7.90	25	27.5
8.92	8.78	25	7.5	7.96	7.82	25	30.0
8.74	8.60	25	10.0	7.87	7.73	25	32.5

pH		0.2mol/L	0.1mol/L	pH		0.2mol/L	0.1mol/L
23℃	37℃	Tris	HCl	23℃	37℃	Tris	HCl
8.62	8.48	25	12.5	7.77	7.73	25	35.0
8.50	8.37	25	15.0	7.66	7.52	25	37.5
8.40	8.27	25	17.5	7.54	7.40	25	40.0
8.32	8.18	25	20.0	7.36	7.22	25	42.5
8.23	8.10	25	22.5	7.20	7.05	25	45.0
8.14	8.00	25	25.0				

附表 13 – 5 巴比妥 – 盐酸缓冲液 （pH 6.8 ~ 9.6）

pH （18℃）	0.4mol/L 巴比妥钠盐 （ml）	0.2mol/L HCl （ml）	pH （18℃）	0.4mol/L 巴比妥钠盐 （ml）	0.2mol/L HCl （ml）
6.8	100	18.4	8.4	100	5.21
7.0	100	17.8	8.6	100	3.82
7.2	100	16.7	8.8	100	2.52
7.4	100	15.3	9.0	100	1.62
7.6	100	13.4	9.2	100	1.13
7.8	100	11.47	9.4	100	0.70
8.0	100	9.39	9.6	100	0.35
8.2	100	7.21			

附表 13 – 6 广泛缓冲液 （pH 2.6 ~ 12.0）

每升混合液内含枸橼酸 6.008g，磷酸二氢钾 3.893g，硼酸 1.769g。巴比妥 5.266g，每 100ml 混合液滴加 Xml 0.2mol/L NaOH 至所需 pH 值 （18℃）。

pH	0.2mol/L NaOH （Xml）	pH	0.2mol/L NaOH （Xml）	pH	0.2mol/L NaOH （Xml）
2.6	2.0	5.8	36.5	9.0	72.7
2.8	4.3	6.0	38.9	9.2	74.0
3.0	6.4	6.2	41.2	9.4	75.9
3.2	8.3	6.4	43.5	9.6	77.6
3.4	10.1	6.6	46.0	9.8	79.3
3.6	11.8	6.8	48.3	10.0	80.8
3.8	13.7	7.0	50.6	10.2	82.0
4.0	15.5	7.2	52.9	10.4	82.9
4.2	17.6	7.4	75.8	10.6	83.9
4.4	19.9	7.6	58.6	10.8	84.9
4.6	22.4	7.8	61.7	11.0	86.0
4.8	24.8	8.0	63.7	11.2	87.7
5.0	27.1	8.2	65.8	11.4	89.7
5.2	29.5	8.4	67.5	11.6	92.0
5.4	31.8	8.6	69.3	11.8	95.0
5.6	34.2	8.8	71.0	12.0	99.6

附表 13 - 7　枸橼酸 - 枸橼酸钠缓冲液（pH3.0 ~ 6.2）

pH	0.1mol/L 枸橼酸（Xml）	0.1mol/L 枸橼酸钠（Xml）	pH	0.1mol/L 枸橼酸（Xml）	0.1mol/L 枸橼酸钠（Xml）
3.0	82.0	18.0	4.8	40.0	60.0
3.2	77.5	22.5	5.0	35.0	65.0
3.4	73.0	27.0	5.2	30.5	69.5
3.6	68.5	31.5	5.4	25.5	74.5
3.8	63.5	36.5	5.6	21.0	79.0
4.0	59.0	41.0	5.8	16.0	84.0
4.2	54.0	46.0	6.0	11.5	88.5
4.4	49.5	50.5	6.2	8.0	92.0
4.6	44.5	55.5			

附表 13 - 8　枸橼酸 - 磷酸氢二钠缓冲液（pH2.6 ~ 7.8）

Xml 0.1mol/L 枸橼酸和 Yml 0.2mol/L 磷酸氢二钠混合

pH	0.1mol/L 枸橼酸（Xml）	0.2mol/L 磷酸氢二钠（Yml）	pH	0.1mol/L 枸橼酸（Xml）	0.2mol/L 磷酸氢二钠（Yml）
2.6	89.1	10.90	5.2	46.40	53.60
2.8	84.15	15.85	5.4	44.25	55.75
3.0	79.45	20.55	5.6	42.00	58.00
3.2	75.30	24.70	5.8	39.55	60.45
3.4	71.50	28.50	6.0	36.85	63.15
3.6	67.80	32.20	6.2	33.90	66.10
3.8	64.50	35.50	6.4	30.75	69.25
4.0	61.45	38.55	6.6	27.25	72.75
4.2	58.60	41.40	6.8	22.75	77.25
4.4	55.90	44.10	7.0	17.65	82.35
4.6	53.75	46.25	7.2	13.05	86.95
4.8	50.70	49.30	7.4	9.15	90.85
5.0	48.50	51.50	7.6	6.35	93.65

附表 13 - 9　氯化钾 - 氢氧化钠缓冲液（pH12.0 ~ 13.0）

Xml 0.2mol/L KCl + Ymol 0.2mol/L NaOH，加水至 100ml

pH（25℃）	0.2mol/L KCl（Xml）	0.2mol/L NaOH（Yml）	pH（25℃）	0.2mol/L KCl（Xml）	0.2mol/L NaOH（Yml）
12.0	25	6.0	12.6	25	25.6
12.1	25	8.0	12.7	25	32.2
12.2	25	10.2	12.8	25	41.2
12.3	25	12.2	12.9	25	53.0
12.4	25	16.8	13.0	25	66.0
12.5	25	20.4			

参考文献

[1] 谢辉. 物理化学实验. 北京：北京师范大学出版社，2012.

[2] 安从俊. 物理化学实验. 武汉：华中科技大学出版社，2011.

[3] 陈振江，刘幸平. 物理化学实验. 北京：中国中医药出版社，2009.

[4] 杨冬花，武正簧. 物理化学实验. 徐州：中国矿业大学出版社，2005.

[5] 复旦大学等校编，庄继华等修订. 物理化学实验. 3 版. 北京：高等教育出版社，2004.

[6] 夏海涛，许越，滕玉洁. 物理化学实验. 哈尔滨：哈尔滨工业大学出版社，2003.

[7] 张师愚，杨惠森. 物理化学实验. 北京：科学出版社，2002.

[8] 孙尔康，徐维清，邱金恒. 物理化学实验. 南京：南京大学出版社，1998.

[9] 北京大学化学系胶体化学教研室. 胶体与界面化学实验. 北京：北京大学出版社，1993.

[10] N. C. 拉甫罗夫主编，赵振国译. 胶体化学实验. 北京：高等教育出版社，1992.

[11] 清华大学化学系物理化学实验编写组. 物理化学实验. 北京：清华大学出版社，1991.

[12] 南开大学化学系物理化学教研室. 物理化学实验. 天津：南开大学出版社，1991.

[13] 刘衍光. 物理化学和胶体化学实验. 上海：复旦大学出版社，1989.

[14] 北京大学化学系物理化学教研室实验课教学组. 物理化学实验（修订本）. 北京：高等教育出版社，1985.

[15] 东北师范大学. 物理化学实验. 北京：人民教育出版社，1982.

[16] 山东大学. 物理化学与胶体化学实验. 北京：人民教育出版社，1981.

[17] John M. 怀特. 物理化学实验. 北京：人民教育出版社，1981.

[18] H. D. 克罗克福特等，赫润蓉等译. 物理化学实验. 北京：人民教育出版社，1980.